你也能变成白天鹅：360°时尚女孩修习术

辰辰 编著

长江出版传媒
湖北科学技术出版社
·北京·

图书在版编目（ＣＩＰ）数据

你也能变为白天鹅：360°时尚女孩修习术／辰辰
编著． -- 武汉：湖北科学技术出版社，2014.8
　　ISBN 978-7-5352-6874-7

　　Ⅰ．①你… Ⅱ．①辰… Ⅲ．①女性－美容－基本知识
②女性－服饰美学－基本知识 Ⅳ．① TS974.1
② TS976.4

中国版本图书馆 CIP 数据核字 (2014) 第 167984 号

总 策 划：李大林　京视传美＆商虞　　　　　责任校对：蒋　静　张波军
责任编辑：李大林　张波军　　　　　　　　　封面设计：成　馨

出版发行：湖北科学技术出版社　　　　　　电　　话：027-87679468
地　　址：武汉市雄楚大街268号　　　　　邮　　编：430070
　　　　　（湖北出版文化城B座13-14层）
网　　址：http：//www.hbstp.com.cn

印　　刷：北京联合互通彩色印刷有限公司

787×1092 1/16　　　　　　　　　　16印张　　230千字
2015年1月第1版　　　　　　　　　　2015年1月第1次印刷
　　　　　　　　　　　　　　　　　　定　价：　42.00元

目录 Contents

Part 1
养颜护肤美体篇
肤质、体形大改造，从基层向美丽"大当家"进阶

第1课 **光滑闪亮肌肤，造就超人气女孩** ＼10
揪出元凶，对症下药 ＼11
皮肤粗糙，卸妆很重要 ＼12
吃出白嫩美肤来 ＼14

第2课 **古铜色肌肤也需要用心保养哟** ＼16
从日常点滴中做好护肤工作 ＼17
古铜肌女孩的肌肤保湿条约 ＼18
5分钟按出无瑕肌肤来 ＼19

第3课 **击退问题肌肤，承接为皮肤疗伤任务** ＼20
战"痘"秘籍大曝光 ＼21
驱赶蝴蝶斑，让斑点飞离你的脸 ＼22
和黑头轻松过招，告别草莓鼻 ＼24

第4课 **拯救疲劳肌肤，轻松减压唤醒活力肌肤** ＼26
睡眠是美容中的重中之重 ＼27
告别烦恼，从内心到皮肤都水灵灵 ＼27
脸部按摩，放松身心 ＼28
给皮肤做个快乐的SPA ＼29

第5课 **去角质，女孩要的就是薄脸皮** ＼30
识清角质的"小九九"，才能百战不殆 ＼31
了解去角质原理，选对去角质产品 ＼32
根据肤质"对号入座"去角质 ＼32
不同部位去角质方法各不同 ＼33
去角质小叮咛要牢记 ＼35
去角质护肤品DIY ＼35

第6课 **"橘皮"来袭！快快开启你的防御机制** ＼36
橘皮一族自诊法 ＼37
橘皮也分等级，拉响橘皮四大警报 ＼37

"橘皮妹"见招拆招自救法 \ 38

第7课 **夏季防晒大作战，避开太阳的烦扰** \ 40
24小时防晒日程表，执行刻不容缓 \ 41
全身防晒档案大曝光，360°防晒无死角 \ 42
特殊部位也要执行防晒任务 \ 43

第8课 **承接重点部位的美丽任务，让美丽360°无死角** \ 44
掌握电眼制造秘籍，你也能拥有一双扑闪扑闪的大眼睛 \ 45
呵护唇齿，让你的唇齿吸引他的眼神 \ 47
"火鸡脖"女孩，承接进化"天鹅颈"任务 \ 49
手肘膝盖皮肤闪亮，人气大恢复任务 \ 54
精心养护双腿，变身美腿人气王 \ 55
呵护双足，也能让你的人气达到满点 \ 60
手部养护全攻略，助你修炼纤纤玉手 \ 63

第9课 **缩小毛孔，做"零"毛孔小美女** \ 66
毛孔，它是怎么大起来的 \ 67
为了你的毛孔，别走进这些误区 \ 68
缩小毛孔独门秘籍，开始修炼吧 \ 70

第10课 **还你秀发飘飘，让你抛却三千烦恼丝** \ 72
头发有问题，找出原因在哪里 \ 73
正确洗头，你会不会 \ 74
养护头发，从日常点滴做起 \ 75
按按头皮，为秀发培植肥沃基地 \ 77

第11课 **芬芳精油，慢慢享受大自然的恩泽** \ 78
精油知多少，解开香氛密码 \ 79
选定属于自己的那一款 \ 80
巧妙使用，让精油唤醒身体的激情 \ 82

第12课 **护肤品自己做，贫穷小女孩也能靓起来** \ 84
不可错过的高品质护肤材料 \ 85
护肤品DIY，功效不低大品牌 \ 89

第13课 **胖女孩也能成为超人气女孩哟** \ 90
胖女孩必上的瘦身课程 \ 91
丰满女孩的着装贵在装饰，让你的缺点也闪亮闪亮吧 \ 94

第14课 **A→C，"太平公主"罩杯大冲关** \ 96
你是怎样成为"太平公主" \ 97
"太平公主"御膳，吃出"C"杯来 \ 98
按摩助你脱离平胸一族 \ 99
每天都要做的10分钟丰胸运动操 \ 100

丰胸从生活点滴做起 ╲102

第15课 欲造V型小脸，请在大饼脸上舞指吧 103

你的脸，是怎么大起来的 ╲104

大脸变小脸，从运动开始 ╲104

点点按按，轻轻松松变"巴掌脸" ╲107

Part 2
化妆造型篇
形象改变，让自己闪闪惹人爱

第16课 给自己画个美美的妆，先从掌握基本化妆手法开始吧 ╲112

打造完美底妆，是画好美妆的基础 ╲113

妩眉如黛，勾勒无限风情 ╲118

媚眼闪烁，塑造心灵之窗 ╲122

打造质感唇妆，让双唇绽放诱惑魅力 ╲130

掌握腮红技巧，缔造自然红润气色 ╲136

第17课 随TPO变妆，快准狠画出得体妆面 ╲140

清透裸妆也精致，让自己更生活一些吧 ╲141

画个淑女妆！让清秀、可亲的你更具吸引力 ╲143

画一个唯美甜美妆吧！让你与他的甜蜜度UP！UP！╲146

可爱娃娃妆！让你释放纯真童趣小嫩女风采 ╲149

时尚小烟熏妆，在你的性感中加入一点深邃 ╲151

第18课 SOS！妆容出问题了，快来补救，拯救浪漫约会吧 ╲154

你会经常遇上哪些让人头痛的妆容问题 ╲155

SOS！拯救妆容大行动 ╲156

妆容大补救实战备忘录 ╲156

第19课 演绎时尚发型潮流，巧妙百变造型迷花他的眼 ╲158

制定发型前，先了解发型与脸型的匹配度 ╲159

根据发质，打造适合你的发型 ╲160

演绎时尚发型潮流，助你桃花朵朵开 ╲161

打造韩剧女主角发型，让浪漫风情随发而动 ╲164

第20课 小物件、小发饰魔法大变身，让你如施魔法般美丽 ╲166

掌握发饰佩戴法则，演绎桃花滚滚来 ╲167

巧花心思，用小发夹别出美丽花样 ╲169

晨起头发乱了，用小发夹来镇压 ╲169

Part 3
美丽装扮篇
量身打造属于你的装扮方程式

第21课 **在一直下雨的星期天里，也能让自己展现独特的美** ＼172
选择最喜欢的雨天服饰 ＼173
雨天浪漫装扮要点，要牢记哟 ＼175
雨天发型梳理要点 ＼176

第22课 **从土气女孩变身质朴人气女孩** ＼177
用延长线完美表现身材任务 ＼178
不要刻意掩藏你的粗犷朴素 ＼179
黑白灰，质朴女孩的招牌色 ＼180

第23课 **偶尔做一次平民公主吧！别让自己看起来那么高不可攀** ＼181
百搭白衬衫，让你清新朴素又婉约 ＼182
牛仔裤，永不褪色的流行 ＼183

第24课 **小嫩女求熟大戏法，美丽女孩评定** ＼185
小萌女的熟女妆和发型大公开 ＼186
小洋装的完美装扮，助你尽显优雅成熟风 ＼187
小西服，职场女孩也能风情万种 ＼188

第25课 **运动系女生变身可爱女生运动装** ＼190
运动装化腐朽为神奇的穿衣法则 ＼191
非一般的运动装，执行怦然心动任务 ＼191
情侣运动装，成双成对做运动 ＼192

第26课 **恋爱迷你裙大作战，在人气女孩道路上前进** ＼194
掌握迷你裙的穿着要点 ＼195
粗腿妹穿迷你裙大作战 ＼195
平胸女孩怎样提升自己的性感指数 ＼196
迷你裙与裤袜及高筒袜的搭配技巧 ＼197

第27课 **改头换面的女孩！让我们变得更漂亮吧** ＼198
嫩女转型向熟女看齐攻防战 ＼199
假小子向甜辣帅气女生进发 ＼200
彩色装扮，让自己不再死气沉沉 ＼201

第28课 **我爱你，超人气王子公主情侣装** ＼202
"合衬"，是情侣装的第一要义 ＼203
色彩与图案，遥相呼应，爱得浪漫 ＼204
从细节入手，体现爱的细腻 ＼205

第29课 **各人各异，去寻找属于自己的颜色** ＼206

根据颜色的寓意，找到自己的颜色 ＼207

黑色就得这样搭 ＼207

樱花色！为自己创造一个粉红色的回忆 ＼209

第30课 **海边约会，吸引恋人的满点装扮** ＼210

对泳衣进行巧妙叠搭，穿出不一样的感觉 ＼211

巧妙穿泳衣，让你的身材零缺陷 ＼212

去海边，行李箱里要装什么 ＼213

海边装扮，穿出你的可爱美丽来 ＼213

海边度假护肤秘籍，你必须知道 ＼215

第31课 **一个细节一个想法，完美大作战** ＼216

巧妙使用蝴蝶结、缎带，魅力飙升大作战 ＼217

掩盖缺陷，做完美零缺点小美女 ＼218

豹纹，难以抵抗的魅力 ＼218

第32课 **挑选适合自己的装扮，抓住他的眼球** ＼220

思想改造是装扮的前提 ＼221

清爽装扮，与聪明的他更般配 ＼221

闪亮魅力所在，雀斑人气女孩任务 ＼222

帅气女孩，将率性特质发挥极致 ＼222

第33课 **轮换！旧款衣服也能变得时尚哦** ＼224

轮换搭配，重现新时尚感觉 ＼225

旧衣服改造术，重新焕发光彩 ＼225

改造妈妈的旧衣服，增加年轻时尚感 ＼226

一件衣服，百变穿法 ＼227

第34课 **时尚四季色，做自己的加减法搭配大师** ＼228

春天来了，穿戴有生机，但要注意保暖 ＼229

夏天来临，尽情展现夏日风情吧 ＼233

秋天里的时尚，掌握加减法搭配，展现秋色 ＼235

冬天冰雪女孩装扮，来一场冰雪恋歌吧 ＼239

第35课 **佩戴饰品也有技巧，掌握了才能闪闪惹人爱** ＼243

让饰物掩饰容貌或身体缺点 ＼244

符号首饰，让你的佩戴别具意义 ＼246

蝴蝶结——可爱女孩的百搭道具 ＼246

小配饰自己做，装点美丽不打折 ＼247

第36课 **备齐女孩必备装点道具，为自己增光添色** ＼248

女孩子的包包，藏有无限的风情 ＼249

挑一款适合你的太阳眼镜，能帮你放大几百倍的光彩 ＼251

为爱而香，激发男孩激素UP！UP！ ＼255

养颜护肤美体篇

肤质、体形大改造，从基层向美丽"大当家"进阶

　　皮肤是人类的第一件衣服，要比任何华丽的服饰都要尊贵，人类没有衣服穿，可以！但如果没有皮肤，不可想象！对于人类来说，没有玲珑有致的身材仍可活着，但对于女孩们，却会觉得明珠蒙尘，所以，我们要精心呵护精致的肌肤，塑造窈窕的身材。尤其是女孩子，更要将护肤、美体作为自己毕生的事业来做。本书的第一部分作为重点中的重点，以堪比"圣经"的奥义为你揭开护肤美体过程中的重重迷雾，赶快来一起诵读吧！

Beautiful Life

Beauty

第1课

光滑闪亮肌肤，造就超人气女孩

水汪汪的眼睛，玫瑰色的脸颊，正是恋爱中少女的表情！

——这一课你要牢记的谏言

自从与他约定好之后，我就紧张得睡不着，吃不香，期盼着那天的到来。

昨天鼓起勇气，和一直暗恋的男孩通了电话，约他周末见面，我准备向他告白！

再加上这几天工作很忙，需要长时间地使用电脑。

几天不见的好朋友，看到我，大惊失色地指着我的皮肤说："你的皮肤好差呀！又黄又暗，还干燥，怎么回事？"

我大吃一惊，慌得不知如何是好，呜呜！马上就要到周末了，怎么办？

粗糙、暗黄、没有光泽的皮肤，很难让女孩看起来像钻石一样闪亮，让你成为视觉中心。那么怎样保持皮肤水分，让你的皮肤闪闪发亮，哪些食物能够营养皮肤呢？

揪出元凶，对症下药 ♥

每天早晨起床，看着镜子中自己的肌肤，灰暗、苍黄、无光泽，是不是连带地心情也灰暗起来，导致自己一整天都处在灰色世界里，甚至做起事情来也不如之前那么顺利了。心里不由想，是不是最近自己惹上什么不好的东西了，让自己霉运不断。抛开迷信不说，你是不是应该先自我审视一下自己的生活状态呢？或许比找算命先生、阴阳师、捉鬼大师更有效呢？一般来说，造成肌肤如此糟糕的原因，无非是以下这几个方面：

典型类别	造成原因	去黄措施
干燥型	这多是天气干燥、平时又不注意肌肤保湿所致。还有一些女孩，认为天热时因身体代谢原因，肌肤比较油腻，容易出汗，所以就觉得保湿有些多此一举，就放弃了保湿措施。岂不知，正是因为油腻、出汗，保湿才更为重要。	夏天由于日晒，常把美白作为夏天的主要护肤措施。要知道美白是一种净化的过程，黑色素从表皮细胞脱落后，皮肤表层在变干净的同时，还需要添加水分及营养来保护。平时应多喷一些保湿氧气水，这是最直接最有效的方式，同时多喝水、多吃银耳，以满足机体对水分的需求。
压力型	精神紧张、压力大会直接影响副肾皮质激素的分泌，如果长期处于这种状态下，会导致副肾皮质激素的分泌机能衰退，肌肤抵抗力下降，容易产生斑疹、雀斑、青春痘等，同时会使肤色变得暗黄。	要注意调节自己的情绪，多往好的方面去想，遇到不顺的事情，用积极乐观的态度去面对。还有，从内部纠正内分泌状态，比如早睡早起，多吃含蛋白质和雌激素的食物。
贫血型	皮肤的营养靠的是气血，如果人体气血不足的话，皮肤就无法得到滋润，从而导致皮肤没有光泽。另外，缺铁也是导致贫血的一个重要因素。	气血是由于脾胃化生而致，如果气血不足，应注意调理脾胃，脾胃功能佳，气血自然就充盈了。如果是缺铁性贫血，建议多吃红枣、黑木耳、动物肝脏、鸭血、菠菜等高铁食物。

典型类别	造成原因	去黄措施
熬夜型	经常加班、夜生活丰富的女孩，会因为熬夜、睡眠不足而导致胃肠功能下降，同时降低了其消化吸收功能，从而无法满足皮肤对营养的需求，最终皮肤因营养不良而出现黯淡无光的现象。	平时保持规律正常的作息习惯，晚上睡觉时间最好不要超过10点，因为晚上10点到凌晨3点，是皮肤新陈代谢最旺盛的时间，如果这个时间段处于兴奋状态的话，就会抑制皮肤的代谢，造成毒素排放受阻，致使肤色晦暗发黄。如果想高质量的睡眠的话，建议睡前喝杯热牛奶，或者吃点面包和水果，也可以点上催眠熏香，让你在芳香中一夜好眠。
吸烟型	现在有很多女孩吸烟吸得很凶，令皮肤产生大量的自由基，致使血液和淋巴的循环不畅，代谢产物无法通过皮肤排泄出去，从而导致色素沉淀于皮层中，出现肤色发黄的现象。	戒烟是第一步要做的事情，可能在戒烟的过程中，困难重重，但为了你的肌肤重新焕发亮彩，这个代价是值得你付出的。
乱食型	平时不注重饮食，乱吃食物，尤其爱吃酸性食物（比如猪、羊、牛肉等红肉），爱喝碳酸饮料，爱吃垃圾食品（比如煎炸食品、方便面、烧烤等），从而导致体内毒素堆积，造成皮肤色素沉着，自由基泛滥。	多吃温润补水的银耳，养心安神的莲子，尤其是二者搭配煮粥，具有清火养颜的功效；多吃高蛋白食物，比如核桃、芝麻、豆浆等，尤其是芝麻，还具有润肠排毒的作用。可将核桃、芝麻打成粉状，然后加入豆浆一起煮沸饮用，不仅能补充蛋白，还能排除肠胃毒素，是美肤佳品；还可多吃高纤维和高维生素食物，比如红小豆、小米、玉米等，经常将它们混合煮粥食用，可定时清除人体内部的毒素。

皮肤粗糙，卸妆很重要 ❤

防晒要选对防晒品。

皮肤粗糙，用化妆将其隐藏起来，只能是暂时的做法。如果经常用化妆的方式掩饰较差的皮肤，只会让皮肤越来越差，因为这样不但皮肤无法呼吸，激素也无法正常地分泌出来。所以，解决皮肤差的问题，还是要从根上来解决。下面这些方法可以帮助你快速解决。

首先要做好卸妆任务，特别是防晒油的卸除更应该引起重视，一般普通的化妆品用普通的卸妆水就可以了，而像防晒油这种具有特别作用的化妆品，则要用特别的卸妆水才行，具体方法如下：

⬤ 首先取适量卸妆水，在需要的部位涂抹。

注意事项

在涂抹时，注意不要乱抹，应以画圆的形式从脸的内侧抹到外侧。

⬤ 取适量洗面奶，搓出泡沫。

◀ 然后，慢慢地，温柔地，犹如擦拭宝石般洗脸，这样能够很好地保护肌肤。

温馨提示

注意，由于卸妆水各个产品的特性都不一样，在购买时应向店员请教一下，了解详情之后再使用更可靠哟！

　　洁面后，你也可以使用自己制作的美白保湿化妆水，具体方法如下：取桑白皮萃取液10毫升、1%玻尿酸原液10毫升、甘油5毫升、抗菌剂0.5毫升、玫瑰水75毫升，将以上材料混合，放入密闭化妆水瓶中，每次洁面后使用，或者睡前使用均可。由于加入了抗菌剂，因此可存放三个月，若没有加入抗菌剂的话，一定要在一个月内用完。

　　如果边抹化妆水边按摩的话，效果会更好，具体方法为：取适量化妆水，在手心内温热后，均匀涂遍全脸，并以中指及无名指在脸部轻柔打圈，轻轻按摩10分钟后，让皮肤吸收完化妆水，这样面色就会看起来干净靓丽又自然。

吃出白嫩美肌来 ❤

古有"一白遮三丑"的说法，如何让自己的皮肤白嫩亮泽，除了护肤品外，身体的内部调理也很重要，尤其是饮食调理。下面介绍几种美味食物，既能达到美白肌肤的效果，又能满足你的口腹之欲。

蜂蜜 ——干燥敏感肌的福音

【美肌功效】滋润，增添弹性

【适用肤质】敏感、干燥肌肤

蜂蜜中蕴含大量的纯天然营养成分，且完全无任何添加剂，是百分百纯天然的产品。此外，它除了能对人体免疫力有很大提升外，蜂蜜在美容养颜方面更是功不可没。其中的多种营养成分能刺激皮肤的血液循环，改善皮肤的弹性和韧性，令肌肤更加光滑润泽。

胡萝卜 ——穷人的人参

【美肌功效】保持皮肤润泽细嫩

【适用肤质】干燥细纹肌肤

维生素A对皮肤的表皮层有保护作用，可使皮肤柔润、光泽、有弹性，因此维生素A又被称为"美容维生素"。如果在饮食中缺乏维生素A，则会导致皮肤干燥、角质代谢失常、肌肤松弛老化等问题。胡萝卜含有丰富的β-胡萝卜素，β-胡萝卜素在体内可以转换成维生素A。需要注意的是，烹调胡萝卜的过程中不可放醋，因为醋会破坏β-胡萝卜素，可明显降低胡萝卜的营养价值。

芝麻 ——慈禧的常备美容品

【美肌功效】润泽，柔肤

【适用肤质】干燥不光滑的肌肤

传说慈禧太后为保持美丽的肌肤，酷爱吃芝麻。即使是现在，女性们也喜欢饮用芝麻加水和蜂蜜。事实上，就现代营养学的观点而言，芝麻含丰富的亚油酸及维生素E，可改善末梢血管障碍，使肌肤柔软，有光泽，是肌肤干燥者一定要吃的食品。

红薯 ——营养素最平衡的食品

【美肌功效】使肌肤变光滑

【适用肤质】粗糙、干燥肌肤

红薯和其他"滑溜"的蔬菜一样，含具滋养、强壮效果的黏蛋白及各种酵素成分。这些成分可使细胞机能活性化，增进新陈代谢，有润泽肌肤的作用，使粗糙的肌肤变得光滑。而这些功用正可强化胃肠、促进消化，改善便秘引起的肌肤粗糙。红薯拌咸梅干，更能促进新陈代谢，美化肌肤。

大米 ——强大的保湿力量

【美肌功效】保湿，美白

【适用肤质】需要深度补水的干燥肌肤

肌肤的主要成分是蛋白质，其氨基酸成锁链状联结在一起。而大米内含有一些特殊的酶，可以切断各个氨基酸的锁链，即把衰老退化的表皮交织层切割成细屑状，剥落下来，以加速皮肤细胞的新陈代谢，保持皮肤的光洁润泽。

莲藕 ——水中之宝

【美肌功效】可保持脸部光泽

【适用肤质】粗糙肌肤

莲藕含丰富的维生素C及矿物质，具有药效，其止血作用更为人所熟知。新的研究证明莲藕有益心脏，可促进新陈代谢，防止皮肤粗糙。莲藕粥尤具药效，和莲子合用，效果更佳。

大豆 ——熟女定制食材

【美肌功效】抗老，活化肌肤

【适用肤质】干燥熟龄肌肤

女性激素中雌激素是维持女性肌肤年轻美丽不可或缺的要素。大豆中所含的大豆异黄酮是一种结构和雌激素相似，具有雌激素活性的植物性雌激素，能延迟女性细胞衰老，使皮肤细致白皙。医学研究表明：女性每天摄入50毫克以上的大豆异黄酮，能有效延缓衰老。

另外，也可以每天喝一杯牛奶，牛奶中含有丰富的蛋白质和钙，不仅能供给肌肤所需的营养，还能美白肌肤。平时多吃一些富含维生素C的食物，以增加肌肤抵抗自由基的能力。切忌喝太多的咖啡，因为咖啡中的咖啡因会刺激肾上腺素分泌，使黑色素细胞生成，导致肌肤变黑。

第 2 课

古铜色肌肤
也需要用心保养哟

就算是没有被人认可，但我很可爱这一点我自己最清楚了！

——这一课你要牢记的谏言

我有着古铜色的肌肤，这是我特意晒出来的！我为能养出这样的肌肤而骄傲！

我一直暗恋一个男孩，他很积极向上，学习工作都很努力！

我的爱好很多，玩电子游戏、和朋友通宵卡拉OK。电磁辐射加上经常熬夜使我的肤质变得很糟糕。

面对他我总有心虚感，觉得自己不够优秀，我决定改变自己。

于是我不再熬夜，并向朋友咨询古铜色肌肤的保养方法。

也开始去图书馆读书，提升自己的知识与修养，偶尔还会与他交流一些读书心得，并成了无话不谈的朋友。

现在我感觉自己充满了自信，在面膜的养护下我的肌肤也越来越细致。

现在越来越多的女孩不再以拥有白皙的皮肤而骄傲，相反的，都在极力追求古铜色肌肤。面对着那些已经拥有古铜色肌肤的女孩，她们常常会羡慕不已。很多女孩认为古铜色或者小麦色肌肤被认为是一种健康的肤色。在崇尚女性独立自主的今天，很多女孩认为"林黛玉式"的柔弱女孩虽然能够激发男孩的保护欲，却都是暂时的，在压力极大的当今社会，男孩迟早会不堪重负而逃离，所以女孩靠自己才是正道，也只有靠自己才能靠得住。拥有健康的肤色是女孩追求自我价值提升的第一步，所以女孩们，请走好自己的这第一步吧！

从日常点滴中做好护肤工作 ♥

晨跑有利睡眠。

润泽光滑的肌肤不是一朝一夕就能够获得的，需要你每天不断地细心呵护，长期坚持，才能达到你想拥有的美肌效果。

秘诀一

首先，让肌肤变光滑的对策是晨跑。每天早晨起来，去空气清新、环境清静的地方进行晨跑30分钟，使身体的各器官组织活跃起来。因为肌肤是在晚上睡觉的时候进行自我修复的，特别是深度睡眠对肌肤很好，夜里会有助于生长出新的肌肤，所以适当的运动之后，晚上可以睡得很香！注意晚上要早点睡，最佳入睡时间是10点，因为上面说过皮肤的最佳代谢时间是晚上10点到凌晨3点。

喝蔬果汁利于肌肤代谢。

秘诀二

运动后，可能会感到喉咙有些干，这时千万不要喝一些含糖或碳酸比较高的饮品，即使是平时也不要喝这类饮料，同时尽量少吃小点心和巧克力，因为甜的东西和含油量高的东西吃得过多的话，会损害肌肤。

口渴的时候，建议你喝对肌肤有益的饮品，比如温开水，或者自制一些美丽肌肤的蔬果汁。味道可能不是很好，但为了提升自己的美丽指数，就暂时忍耐一小下吧！

秘诀三

然后最重要的是洗脸。首先为了不影响洗脸，要把头发先包起来。

包起头发再洗脸。

让洗面奶充分起泡，你要做的是双手尽量搓呀搓，一直摩擦出细小的泡泡。记住，越小的泡泡，对肌肤越好哦！

接着将泡泡均匀地涂抹在脸上，注意涂抹时不要太用力，以免刺激肌肤，同时要将面部死角涂抹到位，比如鼻子和嘴巴下面。

然后把洗面奶充分洗净，用软毛巾轻轻地把脸沾干。注意这个时候千万不能用力。

经过如此温柔的洗脸之后，就可以洗出光滑的肌肤了。可能一两次并不能看出特别突出的效果，但贵在坚持。

古铜肌女孩肌肤保湿条约

一眼看上去虽然是很健康的小麦色，但如果不注意保养的话，皮肤就会变得很干燥还会开裂，所以做好保湿工作非常重要。下面这些是古铜肌女孩每天必做的工作，让你的肌肤变得水润有质感。

敷化妆水膜：试着用化妆水浸透纸膜后湿敷3分钟，皮肤当即变得柔软饱满。接着涂上一层锁水面霜，持久湿润。

湿毛巾敷脸：洗脸后直接用湿润的毛巾敷脸。晒后燥热的肌肤可用凉毛巾敷2分钟，就能马上达到补湿舒缓的作用。

呼吸放松：清洁后，用带有薰衣草味道的热毛巾敷脸，并做几次深呼吸，皮肤不仅能得到彻底放松，也更容易吸收。

加热洁面剂：把洗面奶挤出来，温水化开再用，可降低刺激性，维护皮肤酸性保护膜。这对于保水力差的皮肤非常实用。

植物精华油润肤（将精油混合在乳液中）：先挤出少许乳液，加入植物精油，混合揉匀后涂抹面部和全身，滋润舒适，又清香宜人。注意不要提前调和整瓶乳液，以防变质。

常用精华液：不敏感的肌肤要养成每天使用保湿精华液的习惯，尤其在换季期间。

与水为伴：洗脸后，保湿喷雾、化妆水、精华液、保湿乳、保湿霜……选其中2～3件使用。每件产品之间间隔30秒，干性皮肤的间隔时间还要更长。

5分钟按出无瑕肌肤来

学会简单的按摩技巧也是让肌肤水嫩有弹力的好方法。通过按摩让肌肤循环顺畅，细胞活化，充分吸收水分。一旦细胞的机能变得正常而健康，肌肤的防御能力也会增强，即使外在环境改变，也会减少脱皮与干燥的几率。

按摩必备装备——按摩膏

其实对于干性肌肤来说，按摩膏可是必备的单品哦！它可以充分补充肌肤的营养，让肌肤细嫩幼滑。使用时千万不要吝啬用量，将按摩膏均匀抹在脸上各部位，从上往下，从内到外打圈式轻轻按摩，待均匀后，用热毛巾敷在脸上。按摩膏含油脂成分较重，如果你感觉脸上油脂过多，可以用洗面奶清洗一下。

香氛精油保湿配方

甘菊（德国）、天竺葵精油各3滴，与3毫升荷荷巴油，2毫升甜杏仁油调匀，卸妆洗脸后按摩脸部，再洗净。

古铜肌女孩的脸部按摩

◀ 将手搓热画大圈

自大面积部位开始进行，稍微将手掌搓热，利用手指在两颊部位往外画大圆，动作一定要轻柔，做10回。

▶ 自下而上向两颊推

利用指腹的力量，自下巴开始往上轻轻推向两颊边，给予肌肤刺激的同时带来活化效果。

◀ 自眼头往眼尾方向按摩

眼周利用指腹自眼头往眼尾方向轻轻往外滑动，消除眼部疲劳同时预防细纹产生，做3回。

▶ 自下而上做螺旋按摩

以指腹来进行按摩，依照箭头方向，自下巴、鼻子与额头部位逐一开始轻轻画螺旋按摩，重复3回。

第 3 课

击退问题肌肤，
承接为皮肤疗伤任务

肌肤是女人的第二件衣服，而且是与生俱来的，也是父母和上天赐
予你的最好的礼物。因此，保护好这件衣服是你必须承担的责任！

——这一课你要牢记的谏言

最近不知怎么了，我的肌肤出现了很多恼人的问题。

偏巧一不小心遇到他，只好背着身与他打招呼，他却开口约我周末出去玩！他态度诚恳，无法拒绝，只好答应！

就因为这糟糕的皮肤，就连遇到喜欢的男孩，我都不得不躲着走。

无措的我只好哭着呐喊，谁来给我支招呀！

但这样的我无颜面对那么耀眼的他呀，该怎么办呢？

难道要戴着口罩去约会，想想都恐怖呀！

痘痘、黑头、色斑……天呐！什么时候它们不知不觉爬上了脸，沮丧、惊慌、惶恐、害怕、焦虑、担忧……是不是不足以形容你现在的心情？就连热恋中的男朋友，你都不敢出现在他面前，四处逃窜躲藏，将自己的脸用口罩、围巾遮得严严的，就怕别人尤其是男友看到，将你平时维持的美丽形象破灭，尽管你想见到他都想疯了，可是该怎么办呢？怎么样能像施魔法一样，让它们一下子都不见了呢？下面就来教大家一些小方法，可能无法达到你想要的快速击退它们的愿望，但耐心一些、坚持一下，效果也是很不错的！

战"痘"秘籍大曝光 ♥

痘痘的出现，说明你出现了健康问题，而且痘痘出现在不同的部位暗示着不同部位出现的问题。要想脸上无"痘"，就得先让身体无疾病。下面就为大家详细解析痘痘隐藏的秘密。

痘痘位置	问题部位及致痘原因	应对措施
前额	当长期处在空气不流通的空间或者巨大压力下时，肺经会出现燥热，从而导致内分泌不顺畅，气血便会阻塞前额，痘痘也就出现了。一般还会伴有鼻塞或鼻干、咽喉肿痛或干痒、咳嗽等症状。	最主要的应对措施是调养肺脏，具体方法如下： ■白萝卜、百合、银耳、鱼片、豆腐、茭白、牛奶等白色食品，可入肺，能养肺、润肺，应多吃。 ■经常做扩胸运动，可增强心肺功能，调理肺脏不适，每次可舒展胸廓3～5分钟。 ■经常做腹式呼吸，可加强肺脏的活动，具体方法为：用力将气吸到腹底，腹部随之隆起，然后将气慢慢呼出。每次重复20次。
两鬓	经常酗酒、熬夜，导致肾精耗散，阴阳失衡，内分泌不调，从而使痘痘在两鬓间冒出，同时伴有眩晕耳鸣、夜间多梦等症状。	要想祛痘，补肾、养神很重要，具体方法如下： ■黑色食品入肾，有补养肾脏的作用，可适当多吃海带、墨鱼、黑豆、黑木耳、桑葚等黑色食品。 ■少喝饮料和酒，否则会加重肾脏负担，可多喝养肾玫瑰花茶，或者白开水也行，同时注意保持好心情，不要熬夜。
口唇四周	多为脾胃不调，致使内分泌随之出现问题所致，而口唇周边对应区正好为脾，所以痘痘才会出现在这个位置，同时还会伴有胃胀胃堵、消化不良、腹泻等症状。	■平时应注意调理脾胃、规划生活，避免暴饮暴食、饮食不规律等不良生活习惯。 ■多吃能够健脾养胃的黄色食品，比如南瓜、胡萝卜、玉米、金针菇。 ■应清淡饮食，少吃冷饮、凉食，以免刺激脾胃。 ■放慢生活节奏，吃饭细嚼慢咽，每口饭可嚼20下，饭后休息半个小时后再做剧烈运动。

痘痘位置	问题部位及致痘原因	应对措施
左颧骨	肝脏是体内调控情绪的脏器，如果情绪不畅、久郁化火，容易伤肝且易致内分泌失调，而左颧骨的对应区是肝脏，故痘痘会出现在这个区域，同时还会伴有口苦咽干、面红目赤等状况。	保护好肝脏、保持好心情是祛痘的关键所在，具体做法如下： ■ 多吃青色、酸味等护肝食物，比如青柚、猕猴桃、枇杷、青橘皮、苹果醋等。 ■ 就餐时别把不良情绪带上餐桌，可在就餐前做一下深呼吸，全身放松，以扫除坏情绪。 ■ 不要压抑自己的脾气，要适时释放，在情绪不稳时，可以听一些舒缓的音乐，对于一些东西不要强求，保持平常心。 ■ 保持好的睡眠，不要熬夜，晚上11点前就要睡觉，中午睡30分钟的美容觉，有利于肝脏排毒、调整内分泌。
右颧骨	运动不足、营养不平衡，导致大肠功能减弱，便秘、腹胀等就会发生，进一步发展会导致内分泌失衡，从而使与大肠相对应的右颧骨出现痘痘。	如果想要祛痘，润肠补水是主要防治措施，具体方法如下： ■ 多吃富含膳食纤维的粗粮，比如土豆、糙米、红米、豆类、全麦面包、谷类等，有助于促进大肠蠕动，同时多补充维生素C、维生素E，为大肠创造良好的"生长环境"。 ■ 多给大肠补水，晨起喝1杯淡盐水，临睡前喝点蜂蜜水，能促进大肠蠕动。
下巴	下巴长痘，多是由于子宫或卵巢等生殖系统出现问题，导致内分泌失调所致，常伴有月经不调、月经时血块增加等现象。	■ 做好私密处的清洁工作，注意不要过度清洗内阴，否则会破坏阴道的酸碱度，降低机体免疫力，只要每晚洗澡时，用清水清洁外阴即可。 ■ 性爱不要过频，每周以不超过3次为佳。

驱赶蝴蝶斑，让斑点飞离你的脸 ♥

　　脸上长斑是女孩子最恼火的事情，不仅有碍观瞻，而且也会让自己的信心大打折扣，如果是即便使用再多的祛斑产品也无法消除的话，那么，很可能是因为你的健康出现了问题，就需要由内而外进行调养了。

经典中医疗法，从根出发

　　中医认为，面部之所以出现斑点，是气机郁结、血行不畅致使颜面气血失和所致，尤其是三个脏腑出现功能失调，更会加重斑点的程度，比如脾气虚弱，运化失健，肾阳不足，肾精亏虚，导致气血不能润泽于颜面而长斑；再比如肝主藏血，主疏泄，能调节血流量和调畅全身气机，使气血平和，如果肝血运行不足，就会导致气机不调，血行不畅，血液淤滞于面部，致使面色发青，甚至长斑。

那么，应该怎样进行调理呢？中医认为，润五脏，补气血是祛斑的关键所在。具体方法如下：

💧口服祛斑膏：取益母草500克，切成细段，晒干后烧成灰；再用醋调成丸子，火烧呈通体红，如此反复7次；再研细过筛，用蜂蜜调匀，存放于瓷制器皿中。每天饭后服1匙。此方具有活血化淤的作用，可以治疗雀斑、黑斑、黄褐斑等。

💧经络按摩祛斑：每天按摩气海（下腹部前正中线上，脐中下1.5寸）（见下图①），阴陵泉（小腿内侧，膝下胫骨内侧凹陷处）（见下图②），足三里（外膝眼直下四横指处）（见下图③）三个穴位，由轻至重，由浅至深地进行按摩。每次按压穴位3分钟，可调理脾胃、疏通五脏六腑，保持全身气血通畅，从而使皮肤能畅快呼吸，祛除面部色斑。

⬤拇指指腹气海　　　⬤拇指按揉阴陵泉　　　⬤拇指指尖掐按足三里

巧用食材和药材，轻松消除斑斑点点

可别小看那些不起眼的小食材，在祛斑的战场上，它们可是杀手铜，尤其是富含维生素A、维生素C、维生素E的食物，不仅能改善皮肤组织，抑制色素沉着，还能及时为肌肤补充活力。同时也不要忽略了具有美白作用的药材，比如人参、松花粉、薏苡仁、白茯苓粉、半夏、银杏仁、桑叶、桃仁、马齿苋、芦荟等，它们同样可以保持肌肤白净润泽，不易生斑。正为脸上的斑点烦恼的女孩们，赶快去菜市场将它们买回来，着手制作吧！

敷掉斑点

💧牛奶+柠檬+黄瓜：这种方法一般用在晒斑上，首先将牛奶擦在被晒的部位，使皮肤收缩，然后将柠檬切片，敷在脸上，一周左右斑点就会变小；接着改用黄瓜，将黄瓜捣烂，加入适量的葛粉和蜂蜜，擦在脸上，多擦几次即可消除斑点。

💗 **金盏花+蒲公英**：将金盏花叶捣烂，取汁擦涂脸部，或者取一把蒲公英，倒入一茶杯开水，冷却后过滤，然后其花水早晚洗脸，这样既可以清洁面部，又可以消除雀斑，清爽和洁白皮肤。

吃掉斑点

💗 **柠檬冰糖汁**：将柠檬洗净，挤出柠檬汁，然后加入适量冰糖即可，可经常饮用。柠檬中富含维生素C，可防止皮肤血管老化，有效祛斑。

💗 **黑木耳红枣汤**：取黑木耳30克，红枣20枚；先将黑木耳洗净，红枣去核，放入煮锅中，加入适量水，煮半个小时左右即可。每日早、晚餐后各一次，可经常服食，具有驻颜祛斑、健美丰肌的作用。

和黑头轻松过招，告别草莓鼻

鼻头是整个面部最高最突出的部位，如果黑头如雨后春笋般冒出鼻尖，黑黑的鼻头就会立刻成为所有视线关注的焦点，让人尴尬的同时，很可能还会"荣获""有草莓鼻的草莓女"的称呼。为了不让你的美丽大打折扣，赶紧行动，加入"反黑"一族吧！

揪出幕后黑手

黑头为什么会出现？是怎样形成的呢?别看黑头只是那么一个小圆点，其形成原因却很复杂。旺盛的皮质分泌致使脂类物质堆积在毛孔的开口处，无法顺利排出就会发生氧化，失去质地变得黏黏的，就会吸附皮肤角质层脱落的皮屑、灰尘以及化妆品的残留，它们混合在一起就成了黑头。

由于毛孔是不断舒缩的，随着毛孔一次次的自然收缩，黑头会随之一点点地钻向毛孔更深处，从而导致黑头越积越深、越黏越顽固，反之毛孔中的黑头又因阻碍了油脂的输出通道，皮肤就只能通过撑大毛孔将肌肤分泌的油脂排出，而粗大的毛孔又更容易堆积起黑头，如此便形成了一个恶性循环，使黑头越来越严重。

黑头的解决之道

有黑头的女孩可能会发现有些黑头怎么都无法去除，即使短时间内去除了，过不多久就又会冒出来，很多女孩对此很恼火，黑头真的那么难去除吗？其实并非如此，这都是你没有对黑头进行彻底的了解所致，要知道，黑头根据形成的原因不同，其防治措施也不同，我们应该根据类型分而治之，具体方法参照下表：

黑头类型	自测症状	应对措施
轻度黑头	仅鼻翼两侧有几颗，一般不凑近看就看不清楚。	总治则是先洗后溶，具体方法如下： ■ 先用面膜清洁毛孔深层，在清洗面膜时，还可用小且薄，尖头蛋型的美容小勺轻轻刮掉黑头。 ■ 睡前，将含有10%～15%果酸的凝胶或乳液敷在鼻子部位，让其慢慢溶解黑头。
角质型黑头	鼻周黑黑的，显得暗沉，且摸起来凹凸不平，一不留神还会化脓长粉刺，即使用去黑头鼻贴也不顶用，且一到夏天会更严重。	■ 用鼻贴膜对付，可取得一定效果。 ■ 经常给肌肤去角质，至少每周一次，油性肌肤可每周两次。 ■ 去角质后，使用黑头导入液将黑头粉刺自然导出，然后拍上收敛性爽肤水收缩毛孔。 ■ 使用美白精华液轻按肌肤，使肌肤白皙细致。
油光粉刺型黑头	晨起感到脸上油油的，一到下午肤色就变得暗沉，平时脸上也总泛着油光。皮肤偏黄、偏黑，且容易流汗，毛孔常呈圆形展开，一旦脱妆粉底就总往毛孔里钻，额头和脸颊也特爱长痘痘。	总治则是先清洁后调理，具体方法如下： ■ 做好面部的清洁工作，经常洗脸，但注意一天不可超过3次，否则会加重肌肤负担。每周做一次深层清洁，比如敷清洁面膜，每次洁面后要使用含酸类的护肤品，这样能使毛孔更紧致。 ■ 取得效果后，再培养良好的生活习惯，比如多注意休息，舒缓压力，培养良好的饮食习惯，少吃过于油腻、辛辣的食物等。
中度栓塞型黑头	从鼻尖到整个鼻子，既有黑头，还有较多的白头，轻轻一挤就挤出一颗颗脂肪粒，留下细细的小孔。	总治则是先搓后拔，具体方法如下： ■ 取适量卸妆油涂抹在鼻子上，按照"从内向外""从下向上"的顺序搓鼻子，由于鼻翼两侧更易出油，可用食指从鼻孔向鼻翼的方向多推几次，这样可以使卸妆油进入毛孔深处，把黑头带出来。 ■ 黑头浮起后，可用鼻贴或撕拉型面膜等将其撕出来，但此法不宜常用，否则会损害肌肤，减弱毛孔开合能力，建议用严格消毒过的小镊子将其拔出来。
重度栓塞型黑头	整个鼻头黑黑的，且向外凸起，有些毛孔甚至粗大到形成凹洞，并向鼻翼两侧的脸颊蔓延，且毛孔呈横向扩张状态。	对于这种比较严重的黑头，建议还是去专业的医疗美容机构进行治疗，一般他们会采用柔肤镭射和果酸活肤两种治疗方式，具体可咨询专业美容治疗医师。

在经过艰苦卓绝的战斗之后，痘痘、斑点、黑头统统都不见了，脸也变得光滑细腻了，赶快去约他出来见面吧！相信，你们的爱情也会像肌肤一样，经过好好的经营，也会更上一层楼！

拯救疲劳肌肤，轻松减压唤醒活力肌肤

要变成人气女生，可能不是很容易，毕竟美丽不是一天就能达到的，但为了一生的美丽事业，必须努力哟！

——这一课你要牢记的谏言

现在喜欢夜生活的女孩越来越多，甚至达到了无夜不欢的程度。吸烟喝酒化浓妆，不仅让肌肤受到污染，厚厚的妆容，也让肌肤无法呼吸。可能还有一些女孩，是加班狂人，为了工作、事业把自己搞得疲惫不堪，有些上网达人，凌晨两三点还在对着电脑屏幕兴奋不已，让自己疲惫的肌肤遭受电脑辐射的二次伤害，不仅让自己被冠以"夜猫子"称号，而且一脸菜色的你还可能荣登"鬼面"宝座，这样的你即使再好的桃花运，也被你吓跑了。哪怕你已经有了男朋友，想想这样的你，让他情何以堪呀！因此，女孩子呀！即便不为了爱，为了你自己，也该振作起来，让你的肌肤重焕活力。

睡眠是美容中的重中之重

要想拥有美肌，养成早睡早起的习惯很重要。为了让身体自然而然地想要睡觉，建立正确的生物钟，这是睡眠的第一良药。然后要让自己感到适当的疲劳，所以要增加自己的运动量，睡觉前泡个舒服的温水澡，使身体温暖之后，全身心地投入睡觉吧，让香甜睡眠成就健康完美肌肤。

人在入睡后身体会分泌某种生长激素，为肌肤提供修复能量，可喝一些有助于这一激素分泌的汤料，睡前再喝一杯热牛奶，让自己放松，促进睡眠。注意睡前不要喝咖啡、红茶之类含咖啡因的饮料，房间的灯光也要在睡前一小时调暗，这样会更能促进睡眠。然后把脸上的洗面奶充分洗净，用软毛巾轻轻地把脸沾干！这个时候千万不能用力哦！

经过如此温柔的洗脸之后，可以洗出光滑的肌肤哦！可能一两次看不出特别突出的效果，但贵在坚持哦！

告别烦恼，从内心到皮肤都水灵灵

肌肤出现的问题大部分和情绪有关系，负面情绪会导致体内的内分泌失衡，新陈代谢的规律遭到破坏，从而导致肌肤出现问题，因此保持正面情绪对肌肤来说很重要。

如果想让心情舒畅，迷迭香的芳香是最适合的。迷迭香是香草的一种，能散发出清爽的香味，闻过后能让人心情舒畅，叶子常常被用于各种料理中，现在就来挑战制作简单的迷迭香曲奇和红茶吧！

首先是迷迭香曲奇，材料是迷迭香3克，面粉150克，砂糖50克，色拉油50克。先把迷迭香的叶子撕碎，然后制作曲奇胚，方法是将面粉、砂糖、撕碎的迷迭香叶片，放入小盆里搅拌均匀，接着加入色拉油，再充分搅拌，用手捏出胚子，放入180℃的烤箱内，烘烤15分钟，这样就完成了。

迷迭香红茶的做法就更简单了，在家用红茶中加入碾碎的迷迭香叶片，像平常一样倒入热水，在喝时加入一些蜂蜜会更好！

在休息时和朋友家人一起尝试，烦躁的情绪就会烟消云散了。

脸部按摩，放松身心

有黑眼圈很大程度上是血液循环变差引起的，首先通过按摩使脸部肌肉放松吧！

◀ 按摩时推荐向脸上涂抹婴儿油或是乳液等，先将乳液放在手里揉搓。

◀ 用手将乳液温热后开始按摩，向着脸的外侧，用手指画圈，首先从脸部中心开始。

◀ 按照额头、脸颊、下巴的顺序依次进行按摩。

注意事项

切记皮肤按摩的关键在于要慢慢地温柔地进行。

◀ 眼部下方的肌肤十分敏感，注意要温柔地进行按摩。

在按摩时，皮肤因变得温热，脸颊变为玫瑰色的话，这就是效果极佳的表现。

给皮肤做个快乐的SPA ♥

女孩子们，不仅你需要心灵的抚慰，你的肌肤也需要你给予它更多的快乐。当你疲惫不堪的时候，给皮肤做一个快乐的SPA吧！肌肤快乐了，你也会跟着快乐起来的。

给皮肤泡泡芳香浴吧！

准备工作

💧 **SPA音乐**：听自己喜欢的音乐，在音乐环境中享受SPA，释放压力，能很好地调解心肺功能。

💧 **茶树精油**：茶树精油具有杀菌功能，也是最环保的清洁剂，可用来给浴缸消毒，将"10滴茶树精油+100毫升纯净水"混合均匀倒入喷壶，把混合液均匀喷在浴缸上，10分钟后用刷子刷净，不但可清洁浴缸，还能换来一屋子的茶树清香。

💧 **专用枕头**：浴缸专用枕头，可让颈椎在泡浴时得到放松。

💧 **按摩工具**：天然海绵是SPA时的最佳按摩工具。

💧 **护肤乳液**：SPA后皮肤毛孔张开，是吸收营养的最佳时机，立即在身体上抹一层薄薄的乳液进行按摩，同时做一些柔软的拉伸运动，可增强皮肤弹性。

泡澡进行时

💧 **敷脸**：在泡澡时，将精油加水稀释，将弹力面巾纸放入浸泡，捞出敷在脸上，停留15分钟，去掉洁面，可消除肌肤疲劳，增加肌肤活力。

💧 **擦扫全身**：用软毛刷擦扫全身皮肤，再用稍微硬一点的刷子擦扫脚底，可消除全身疲劳，恢复精力。

💧 **按摩全身**：点按全身穴位，推拿全身经络，顺着肌肤纹理揉推皮肤，按顺时针和逆时针方向按摩大腿、腹部、胸部等部位。

注意事项

💧 **水温**：36℃～42℃的水温最宜，在这个温度下，不仅关节可以热透，全身肌肤也可得到最彻底的放松。如果水温过高，过度刺激皮肤和心血管系统，会导致皮肤干燥、血压升高、身体疲劳。

💧 **水高**：做全身SPA要保证胸口以下部位能完全浸泡在水中。

💧 **时间**：每次做SPA的时间最好不要超过30分钟。因为泡浴时间过长，反而会造成头晕和全身乏力。

💧 **空腹**：SPA前后半小时不要进食。

💧 **补水**：不要一边泡浴一边喝酒，你这时最需要补充的是矿泉水和各种新鲜果汁，让内脏得到放松和休息。

💧 **气体流通**：做SPA时除了要保证室内气体流通，还要保证身体的气体流通，所以最好不要戴浴帽。

第 5 课
去角质，
女孩要的就是薄脸皮

美丽不光是为了取悦别人的眼球，也是为了增强自信，哪怕是为了
自己，也要经常花点心思打扮自己，让自己闪闪发光！

——这一课你要牢记的谏言

男朋友终于学成归国，并发短信让我去机场接他！

我很高兴，并短信回复他，一定会去接他，但摸摸我的脸，那厚厚的角质……

为了呈现一个完美的自己，我决定向我的闺蜜请教去角质秘籍！给他看到一个粉嫩嫩的小美女！

我的女闺蜜有着滑嫩的肌肤，让她整个人看起来耀眼非常。

经过一段时间的努力，我终于自信闪亮地出现在他面前，并赢得他的称赞。

女孩常将"轻盈"奉为座右铭，不仅追求轻盈的体重、娇小的身材、飘逸的步伐，而且还希望拥有一层薄嫩的脸皮。但经过风吹日晒、紫外线、电脑辐射……各种肌肤"杀手"的摧残，肌肤变得粗糙糙、油光光、灰暗暗的，好像穿了一层厚厚的盔甲。如此肌肤，伤了无数女孩的心，尤其是在春夏季节，女孩们在欢天喜地地脱下厚厚棉衣的同时，更希望肌肤也能白嫩细腻。但怎样做才能实现这个少女之愿呢？去角质是实现愿望要做的首要任务，"厚脸皮"女孩，赶快开始执行吧！

识清角质的"小九九"，才能百战不殆

角质层是皮肤组织最外面的那一层，是皮肤的一道天然保护屏障，可以帮助皮肤抵抗风吹、日晒、雨淋等外来刺激，同时还能阻隔光线对皮肤组织的伤害，以及阻隔外来有毒物质通过皮肤侵入体内，并且它还能抵挡外来微生物破坏角质层，有效防止一些微生物、细菌的入侵，可见角质层对保护皮肤具有重要的意义。

对于皮肤该不该去角质，医学界和美容界持有不同的态度。医学界认为正常的皮肤代谢，就能够将老化的角质细胞自然地推剥下来，不需要再额外地去角质。而美容界认为，皮肤正常的代谢无法彻底将老化的角质剥脱掉，需要借助一定的人工手段，才能彻底清除老化的角质，促进皮肤的新陈代谢，从而嫩化肌肤。其实美容界的说法还是有一定的道理的，长时间不做去角质工作，一旦角质层增厚，皮肤看起来就会油腻、暗哑无光，手感也非常粗糙，加上表情牵动粗厚的表皮，很容易出现皱纹，有时候甚至还会出现小痘痘，故而去角质还是很有必要的。

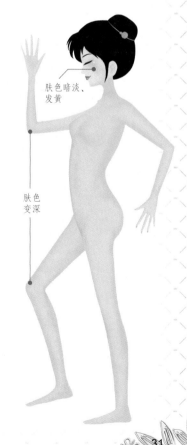

肤色暗淡、发黄

肤色变深

那么，如何判断该去角质了呢？一般当脸上的肤色暗淡、发黄，或是手肘、膝盖等部位的皮肤颜色变深时，就应该考虑要清除角质了。此外，当出现一些特殊情况时，也需要先去角质，再进行下一步的处理，比如做皮肤护理前先行去角质，可以促进保养品的快速吸收，护肤效果会更好；或者由角质栓塞引起的粉刺，在未发炎时应先清除角质层，再去粉刺；在进行除疤之前，也应先去角质；一些想晒出古铜色肌肤的女孩，在擦防晒霜之前，可先去除角质，这样会更快晒出完美的古铜肌来。

了解去角质原理，选对去角质产品 ♥

去角质为什么会让皮肤变得晶莹剔透
呢？通过哪些方式才能达到去角质的目的
呢？在琳琅满目的去角质产品面前如何选购
和使用才能适合自己肌肤的呢？面对这样多的
问题，可能很多女孩都不知该怎么办？你只要
掌握下面这些知识要点，就可以解决困扰你已久
的问题。

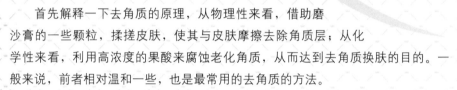

首先解释一下去角质的原理，从物理性来看，借助磨
砂膏的一些颗粒，揉搓皮肤，使其与皮肤摩擦去除角质层；从化
学性来看，利用高浓度的果酸来腐蚀老化角质，从而达到去角质换肤的目的。一
般来说，前者相对温和一些，也是最常用的去角质的方法。

选对产品并正确使用，对美肤来说非常重要。那么该如何选择和使用呢？

目前市面上销售的去角质产品，常见的可分为四类，分别是磨砂膏类、酵素
类、泥类及酸类。

♥天然磨砂颗粒表面较粗，容易刮伤皮肤表层，因此建议选择所含的颗粒比
较圆润细腻的化学磨砂类的产品，其性质要比天然材质更温和。

♥酵素类产品也是不错的选择，但需注意使用时，不要在脸上停留太长的时
间，否则可能会造成过敏。

♥也可选择以吸附功能为主的泥类产品，但普通产品效果不是很理想，故应
选择强效的。

♥酸类产品，只能去角质而无法收缩毛孔，毛孔粗大者美肤效果不明显，且由
于其具有腐蚀性，自己不可以随便使用，最好是在专业医疗人士的指导下使用。

最值得注意的是，在使用去角质产品前，最好先咨询医生，或者先在自己皮
肤上做一下过敏测试，方法为：在下颌和耳朵后面涂抹去角质产品，如果24小时
内没有红肿反应即可以使用。也可以将有颜色的纸铺在桌子上，将物理类去角质
产品涂少量在上面，用手指揉搓一会儿，如果能够搓出纸屑，即表示此产品的效
果很强，需要慎用。

根据肤质"对号入座"去角质 ♥

肌肤有很多种类型，不同的类型去角质的程度和方法也是不同的。那么应该
怎样根据自己的肌肤选择正确的去角质方法呢？

肌肤类型	肌肤表现	去角质频率
油性皮肤	肌肤比较油，角质增生的速度较快且较粗厚，肤色发黄、色暗。	去角质可以频繁一点，建议一周1次。
干性皮肤	皮肤较干燥，角质代谢相对油性皮肤慢些。	建议一个月去除角质1次。
混合性皮肤	V字带比较干燥，T字部位较易出油。	建议分区域去除角质，T字部位可一周1次，V字带可2~3周1次。
敏感性皮肤	—	建议不要去角质。
正常中性皮肤	—	根据部位需要、触感而定。

不同部位去角质方法各不同

　　由于人体不同的部位其肤质是不同的，因此身体各个部位去角质的频率也各不相同，最好能够按部位分区域去角质，具体方法及要求如下。

面部去角质攻略

　　挤出去角质霜后，要顺着肌肤纹路，在额头处向上轻打螺旋，或直接横向轻揉；脸颊部分则是由下往上轻搓；在鼻头的部位向前或直线上下搓揉。（见下图）注意整套动作的力度一定要轻，感觉要和缓舒服，如果手部动作过重的话，可能会伤害肌肤。

❂ 挤出去角质霜

❂ 额头处轻打螺旋，或横向轻揉

❂ 脸颊部由下往上轻搓

❂ 鼻头部位向前或直线上下搓揉

　　去角质时注意要避开嘴角和眼睛部位，如果想要去除唇部角质的话，建议在每天早上刷牙后，趁嘴唇湿润的时候用牙刷轻轻摩擦即可。

颈部靠近耳朵后的部分，也应该从下往上搓揉，完成后，用手背轻拍下颌的皮肤。（见右图⑤）

去角质后，脸部表皮的老化粗糙角质及粉刺、黑色素等就会被清除干净，此时应及时涂抹护肤品，加强滋润，以加强去角质护肤的效果。（见右下图⑥）

此处肌肤较脆弱，建议一周或两周做一次即可。

胳膊去角质攻略

挤出适量的去角质霜，均匀涂抹在手臂上。

接着按照由下往上的方向，以画螺旋的方式揉搓手臂内侧。

然后逆着毛孔，由下往上摩擦手臂外侧的肌肤。

手肘两三天做一次。

膝盖去角质攻略

去除膝盖上的角质时，要在涂抹角质霜后，用去角质专用手套揉搓。

顺着同一方向，好像绕圈一样，仔细摩擦整个膝盖部位。

膝盖大约两三天做一次。

小腿去角质攻略

取适量角质霜，均匀涂抹在小腿内侧，从上向下以画螺旋状的方式进行摩擦。

左右手不断交替，直线往上摩擦小腿外侧肌肤。

脚踝的部分天天都可以做去角质工作。

注意事项

1.在脸部去角质的时候要注意方法，不要用手指在脸上画圈揉搓，而要使双手按同一方向去搓，由内而外。

2.在洗完脸后，用"橄榄油+盐"反复轻轻按摩脸部，磨砂可去除毛孔内肉眼看不到的污垢，如果能再用蒸脸器或热毛巾敷面，还能增加皮肤的光泽和弹性。

3.对于肌肤细嫩的部位，比如脸部、手臂内侧、大腿内侧等地方，可以选择近乎粉状的去角质产品；对于角质层厚的部位，比如手肘、膝盖等地方，可选择较粗颗粒的去角质产品；对于油垢、角质比较多的部位，比如鼻子、额头、下巴等地方，可选择去角质磨砂膏轻轻地揉擦。

4.去角质时要依皮肤生长方向磨砂，注意不要太过用力，也不要一下子去除太多，以防止皮肤受伤或脱皮。

去角质小叮咛要牢记 ♥

当已经出现干燥或脱皮状况时，应该加强皮肤的保湿，避免去角质，否则只会减弱皮肤的自我防御力，使脱皮的情形更严重。

当出现发脓或发炎的痘痘时，不适合去角质，尤其是具有传染性的脓包痘痘，建议避开长痘痘的地方，千万不要碰到痘痘。

当患有皮肤病，如扁平疣时，为了避免传染也不适合去角质。

如果去角质后发现自己的脸上反而长斑了，多半是因为毛孔发炎了。

如果摩擦后皮肤先是变红，接着变黑，可能发生了色素沉淀，此时应使用美白保养品进行保养。

在去角质时注意要掌握好度，不可太过频繁，否则会丢失角质原本的功能，从而增加皮肤过敏、感染细菌的几率，故而在去角质前最好能先咨询一下专业的美容师。

去角质护肤品DIY ♥

豆腐牛奶保湿面膜

【适用肤质】任何肤质。

【美肌功效】此款面膜中豆腐与牛奶、面粉合用，能渗入清洁毛孔，去除堵塞毛孔的老化角质，使营养与水分通过毛孔渗入肌肤，令肌肤润泽、光洁、有弹性。

■ **材料**：南豆腐1/4块，牛奶适量，面粉1大匙。

■ **做法**：1.豆腐冲洗，捣成泥状备用。

2.将面粉、牛奶、豆腐依次放入碗中搅拌均匀，至呈粘稠状即可。

■ **用法**：洁面后，将调好的面膜均匀敷在脸上，避开眼部、唇部，约15分钟后，用清水洗净即可。每周可使用2～3次。此款面膜不易保存，最好一次用完。

红豆酸奶去角质面膜

【适用肤质】油性及混合型肌肤。

【美肌功效】红豆粉的细微颗粒可充分渗入毛孔，并清除毛孔内的污垢，此款面膜是将红豆和酸奶合用，具有很好的清洁作用，尤其适用于T字部位的清洁。

■ **材料**：酸奶、红豆粉各3小匙。

■ **做法**：1.将红豆粉放入面膜碗中。

2.将酸奶加入红豆粉中充分搅拌均匀成糊状即可。

■ **用法**：洁面后，将调好的面膜均匀地涂在脸上，避开眼部、唇部，10～15分钟后用温水洗净即可。每周可使用2次。

"橘皮"来袭！
快快开启你的防御机制

的确，草莓红红的水灵灵的很可爱呢！但是人能比花娇，也同样能比

水果水嫩，向水果女进发，让他觉得你比任何草莓都更漂亮更可爱吧！

——这一课你要牢记的谏言

周末准备和男朋友去海边玩，我对此充满期待！

为了展现我的曼妙身姿，兴奋地拉着闺蜜陪我去买超性感泳衣。

橘皮组织？什么玩意？我一脸疑惑！

闺蜜看着穿泳衣的我，指着我的臀部，惊呼道：你那里有好多橘皮组织呀！

她双手抓住我的大腿，稍用力挤压了一下，说：瞧！这就是橘皮组织！

我惊恐地看着，直呼：这也太丑了！

她安慰我说：别怕，我教你几招自救方法！

美丽的肌肤上出现一坨一坨的像蜂窝一样的纹路，是不是觉得自己这颗宝石像长了一颗痣似的，美丽大打折扣？事实上出现这种情况，并不是你患了什么可怕的皮肤病，而是突然发胖导致的，此时减肥将是你的首要任务。当然，一些瘦女孩也可能会出现这种情况哦！因为瘦女孩一味为了保持窈窕身材，让自己长期处于饥饿节食的状态中，虽然的确拥有了削瘦又骨感的一级棒的身材，但同时也悲催地在大腿处制造了难看的橘皮组织。那么如何抚平橘皮纹，拥有完美的肌肤呢？从这一课中寻找答案吧！

橘皮一族自诊法

从医学角度来说，之所以会形成橘皮组织，多是由于脂肪细胞增加的速度大于消耗的速度，如果再碰上新陈代谢出现障碍，过多的脂肪细胞就会群聚堆积在肌肤皮下组织处，从而造成肌肤表面凹凸不平，出现犹如橘皮一样的纹路。

双手挤压大腿看是否有纹路。

那么，我们如何得知自己是否也是橘皮家族的一员呢？方法很简单，首先将身体放松下来，用两只手夹住腹部、腰部、手臂和大腿等部位5～10厘米的肌肉，用力挤压一下，如果出现类似橘子皮一样坑坑洼洼的蜂窝表面，或凹陷如酒窝状粉红色、白色或咖啡色纹路，就表示你的橘皮组织已经形成了。

橘皮也分等级，拉响橘皮四大警报

根据橘皮发展的严重程度，我们将其分为四个级别，不同的级别其呈现的状态和应对措施是不一样的。那么，应该怎样划分等级，拉响警报，建立防护网呢？

警报级别	橘皮表现程度	应对态度及措施
一级	无论姿势怎样，即使用手挤压、揉捏皮肤，皮肤都光滑无纹路。	恭喜你，你的皮肤没什么问题，继续努力保持这种状态。
二级	皮肤虽然看起来光滑，但稍用力揉捏大腿、臀等部位，便会出现橘皮，提示下半身已开始出现橘皮组织了。	橘皮组织已开始冒头，需加强防护，警惕其大举入侵。
三级	平躺时看不出皮肤有橘皮出现，而一旦站立，则就会看到凹凸皱折。	橘皮已彻底影响到了你的美丽，需要赶快采取行动。
四级	无论是站立还是躺着，都能非常清楚地看见橘皮组织。	橘皮现象已非常严重，应加大防护力度。

"橘皮妹"见招拆招自救法

将橘皮组织彻底消灭，是每个女孩做梦都想的事情。但要想将其彻底扼杀在摇篮里，也不是一朝一夕的事，需要从多方面入手，层层把关，并且坚持不懈，才能取得战斗的胜利。下面先教"橘皮女"们一套抚平橘皮纹的自救方法，帮你去除橘皮纹！

坚持运动

进行合理的有氧运动，比如跑步、游泳、跳绳、瑜伽、皮拉提斯等，可以燃烧脂肪，减少体内脂肪含量，促进血液循环，有效抑制橘皮组织的形成，并重塑身体完美曲线。注意每周可运动3次，每次半小时以上。

高纤维低热量饮食

可适当多吃谷物、糙米、麦片、全麦面包等富含纤维素的食物，并且每天适当多喝一些绿茶、乌龙茶等能够排除体内残渣的饮料。尽量少吃或不吃高热量食物和高脂、高盐、高糖食物，比如油炸食品、奶油、蛋糕、红肉等，少喝咖啡、烈性酒和碳酸饮料等。同时每天应注意多喝白开水，借助排汗和排尿排出细胞废物及体内毒素。

建立良好的生活习惯

不要穿会阻碍血液循环的衣服，比如过紧的束身衣裤，不要长时间保持一个姿势，比如长久站立、伏案写字、长时间使用电脑等，应适当走动走动，以便帮助你放松肌肉，促进血液循环。

每周做一次去角质工作

去角质可以收紧、刺激皮肤，对于预防橘皮组织产生，淡化已有的橘皮纹有很大的帮助，具体方法如下：

- 取柔软的毛刷或是天然丝瓜布，用其从脚底开始向上刷，经过小腿到大腿，刷到臀部两侧，最后是腹部、腰部，然后用温水冲去全身角质。这样既可以刷掉皮肤表层的老化角质，又刺激了淋巴系统，促进机体排毒。

- 取适量沐浴乳，加入一汤匙的浴盐，混合后制成磨砂膏，将其由下往上均匀摩擦在全身的皮肤上，让浴盐随着柔滑的泡沫刷去皮肤上的角质层，然后先用温水洗净，接着再用冷水冲洗30秒钟即可，一周可进行一次。

按摩推拍，赶走橘皮组织

加强身体的局部按摩，尤其是容易产生橘皮组织，或者已经产生橘皮组织的部位，在按摩的同时再配合使用具有活血、排毒功效的按摩霜或精油，可强化肌肤新陈代谢，使皮肤更光滑、更结实的同时，还能帮助赶走橘皮组织。

女孩们，你还要记得，不同的部位，按摩方法也是不一样的，要对它们进行个性化的按摩，效果才会更好。

臀部按摩

适当用力提起臀部两侧肌肉，然后松开，再提起，重复做7次；也可以取适量按摩油轻压臀部外侧的凹陷处，接着对整个臀部进行点按，或握拳轻轻捶打臀部，接着再向外下方捶到大腿处，直至臀部产生酸痛感为止；沿着臀部曲线由下而上、由外而内进行按摩。如此可刺激皮下脂肪燃烧，淡化橘皮组织。

捏起臀肌

点按臀凹陷

手臂按摩

用对侧手，大把抓住手臂，用拇指和其他四指用划小圆的方式，由手腕向肩部揉搓肌肉，特别是对臂内侧腋窝邻近的肌肉，用手掌抓紧后揉捏5次左右。内侧、外侧各做5次左右。注意：每次从手腕开始向肩部依次一个过程。不要做来回的按摩。

揉捏手臂

腰腹部按摩

下腹两侧和腰部肌肤是比较容易囤积脂肪的地方，也是容易出现橘皮纹的地方，按摩时，可反复提起此部位，刺激皮下脂肪燃烧，抚平橘皮纹。

提捏腹部

大腿按摩

双手拇指按压在大腿上，其余四指握住大腿，按压、揉捏整个大腿5分钟，尤其橘皮纹处可多按摩一会儿。　　　　　或者用按摩捶敲打大腿，每次约5分钟，尤其是出现橘皮纹的地方，应着重敲打。

按摩大腿　　　　敲打大腿

通过以上种种努力，橘皮纹终于不见了，身材也越来越正点了，是不是终于松口气，也敢打扮得花枝招展地去见他了？这正验证了一句话，只要肯付出，就一定会有收获。其他正在为此发愁的"橘皮妹"们，别在犹豫了，为了重焕美丽光彩，赶快行动起来吧！

第 *7* 课

夏季防晒大作战，
避开太阳的烦扰

太阳璀璨耀眼，光芒四射，是整个人类不可或缺的光源，这都是它

燃烧自己所获得的殊荣，哪个女孩不想像太阳一样，成为某个人不可或

缺的依恋！那就好好地挖掘自己的潜能吧！

——这一课你要牢记的谏言

阳光是很多女孩都喜欢的，会让处于花季的女孩们更加神采飞扬，但烈日却是女孩子们唯恐避之不及的皮肤杀手，无处不在的超强紫外线肆意地亲吻着你的肌肤，给你带来了色斑、黑脸蛋等面子问题。为了保护你的娇颜，让你在炎炎夏日下也能桃面丹唇，现在赶快给你的皮肤一把保护伞，为它遮遮阳吧！

24小时防晒日程表，执行刻不容缓

很多懒女孩认为只要在太阳最毒辣的时候进行防晒就可以了，像早晨和傍晚，或者阴天的时候根本就没必要再继续做防晒工作了。抱有这种思想的女孩，很可能因为你的一时偷懒，或者不用心，在不经意间被紫外线偷袭到，让你粉嫩嫩的肌肤受到伤害。一次两次你可能意识不到肌肤的变化，久而久之就可能会变成皮肤如漆的"无盐女"了。因此，为了避免这种可怕后果的发生，一天二十四小时应时刻为肌肤充电，做好防晒工作。

时间	措施
早晨 6:30	晨起喝一杯西红柿汁，补充皮肤一天所需要的水分和维生素C。
早晨 7:00	涂抹防晒霜，注意不同的皮肤类型、去不同的场合，所选防晒产品的SPF值也不同。普通皮肤者，SPF值以8～12为宜；肤色白皙者，SPF值要超过30；肤色偏深者，SPF值以15为宜；对光敏感者，SPF值以12～20为宜；如果是上下班路上，SPF值以15以下为宜；如果是去野外游玩、海滨游泳，SPF值要在30以上，尤其是去游泳的话，最好还要选具有防水功能的防晒护肤品，判断防晒乳是否防水的方法：取一杯清水，将乳液倒入水中搅拌，变混浊的是不防水的，不会混浊的是可以防水的产品。 一定要在出门前半小时擦防晒品。
上午 9:00	此时紫外线开始增强，外出要穿具有防晒作用的衣服，比如纯棉质地的衣服，其SPF为15～40，是所有布料中最高的。
中午 12:00	该吃午餐了，可多吃富含保湿防晒成分的食物，比如草莓、鳗鱼、鲽鱼、冬瓜、菜花及精肉等。注意要避免吃到感光食物，芹菜、韭菜、酱油、白萝卜等，否则可能会产生晒斑。
下午 3:00	已经工作很长时间了，皮肤也有疲态了，尤其是油性皮肤开始有出油现象，弄花了妆容，用吸油纸吸一吸脸上的油，再涂一些SPF值在15以下的护肤防晒品补补妆。 皮肤比较干的话，此时停下工作喝杯水吧！ 如果是在户外，应抹一些SPF值稍高的防晒护肤品。

时间	措施
下午 5:30	此时要下班了，阳光的强度也降低了不少，但还是要打遮阳伞或戴太阳镜。同时注意必须再涂抹上一层防晒霜。
晚上 9:40	忙完一天，现在静下心来好好做一下晒后修复工作吧！首先喝一杯酸奶，以补充一天消耗的营养，别喝完，留一点，将化妆棉浸泡在酸奶中，然后取出贴在脸上，10~15分钟后取下洗净，这样既能增强皮肤对紫外线的抵抗力，又能淡化晒斑。 也可以将早上未喝完的西红柿汁，以2:1的比例与番茄酱混合后，涂在晒斑上，半小时后洗掉，同样能淡化晒斑。 如果出现晒伤的情况，不要用热水洗晒伤的部位，可用冷毛巾冷敷20~30分钟，这样能够缓解晒伤情况。

全身防晒档案大曝光，360°防晒无死角 ♥

身体的不同部位肤质和抗紫外线的能力是不一样的，因此在做防晒工作时，应区别对待。不要觉得厚此薄彼不公平，如果你一视同仁，反而会害了你的皮肤。但具体该怎样操作与执行呢？好好学学下面的课程吧！

我们可以将全身防晒根据部位划分三个防晒等级，即一级防晒（低调防晒）、二级防晒（中调防晒）、三级防晒（高调防晒）。

一级防晒（低调防晒）工程

♥ 低调部位：胳膊内侧、颈部上端、大腿内侧，这些部位不太常露出来，且肤质纤柔细嫩，最适合使用低倍防晒品。

♥ 防晒等级：SPF8~15，此数值的防晒品可使肌肤清爽无负担，降低过敏的概率。

♥ 防晒等级启用档案：在早晚和阴雨天里，阳光强度中等时；穿黑色、红色等能吸收紫外线的深色棉质衣服时；在酒吧及餐厅以及遮光阴凉的办公室时，适合使用SPF8~15的防晒品。

二级防晒（中调防晒）工程

♥ 中调部位：唇周、前额，这些部位毛孔比较发达，出油排汗比较频繁，防晒产品容易脱落或失效，因此涂抹防晒品的间隔要短一些。

♥ 防晒等级：SPF15~25。

♥ 防晒等级启用档案：打遮阳伞只是防护从上面直射下来的紫外线，而从地面折射上来的紫外线却无法防护。打遮阳伞与SPF15~20防晒品配合才是最佳防晒措施。开车时，左臂比右臂接受日晒要多得多，应使用SPF20左右的防晒品。

三级防晒（高调防晒）工程

🍃 高调部位：鼻子、颧骨、耳朵顶部、手、胳膊、腿、胸，这些部位之所以要做重点防护是因为鼻子、颧骨和耳朵顶部的位置比较突出，容易被紫外线照射到，同时还容易出汗出油，降低防晒霜的效果；手、胳膊、腿则因工作和行走，与阳光接触最多，而胸部皮肤则比较脆弱，故而这些部位要重点涂抹防晒霜。

🍃 防晒等级：SPF25～30。

🍃 防晒等级启用档案：登山远足或海滨游泳时，或者走在无遮挡的路上时，应该选择SPF30以上的防晒品。

涂抹防晒品

特殊部位也要执行防晒任务

紫外线能够360°无死角地照射到全身各个部位，因此，防晒工作很容易出现盲区或者忽视的地方。那么，如何让自己全副武装，做足防晒功课呢？一些意想不到的地方也要多注意防晒。

给头发架起防晒保护伞

太阳直射头皮和头发会损伤头皮，蒸发头发中的水分，导致头发干燥、脆弱且无弹性，为了让你的头发免遭烈焰的荼毒，需用心地做好防晒防护工作。具体方法为：出门时打防晒伞或者戴上遮阳帽子；夏季头发易脏，增加洗头的次数，最好每天或隔天清理一次头发；出门回家后给头发喷一下营养水，及时补充水分，每周定期给头发做个护理，每次洗发后要涂抹护发素等；选择不含酒精或甲醛的防晒护发品，最好选择含薄荷清凉成分、温和保湿的全天然产品；选购防晒护发品应注意查看是否标有保护指数KPF，KPF代表对头皮层的保护程度，KPF指数分为10级，选择标有KPF指数2～3级的护发产品即可。

做好脚部防晒，勿把双脚晒成"凉鞋"

夏天是穿凉鞋的季节，美足曝晒在太阳下，很容易被晒黑，为了避免出现"肤色凉鞋"，需做好脚部防晒工作。具体方法为：热水勤洗脚，每次泡脚15分钟，以促进足部循环和肌肤代谢；用磨砂膏去双脚上的死皮，并用磨脚石磨掉脚跟上的硬皮，一周一次；穿凉鞋出门时，给脚涂抹上一层防晒霜。

承接重点部位的美丽任务，让美丽360° 无死角

不要怕麻烦，也不要认为做不到，想想你即将要去告白的男孩，再讨厌、麻烦的事情，和终身大事比起来，那都是毛毛雨啦！而且养成习惯就不会觉得麻烦了！

——这一课你要牢记的谏言

我喜欢上了我们班的班长，他不但长得帅，而且学习也非常好。我想在情人节向他告白。

我准备好好打扮一下自己，但当我仔细看着镜子中的自己，各种的肌肤问题，惨不忍睹。

啊？怎么会这样？都怪我平时不注意对自己的保养。

但我不能就这样被打倒，为了爱情，也为了自己，我决定从细节入手，细细打磨自己，让自己360°无死角！

终于，通过我的努力，黑眼圈、嘴唇的皮、脖子处的细纹，手肘和膝盖黑褐色的厚茧，脚趾甲里的脏东西都被我一一消灭。

情人节那天，我还没来得及向他告白，他却先一步向我表白，太棒了！

女孩的身上藏着很多的秘密，一不小心就可能会泄露出去，比如布满细纹的脖子和眼角，可能会泄露你的年龄；泛黄的牙齿可能泯灭你的露齿笑容；布满角质的手肘和膝盖，可能会让别人一眼就能猜出你的职业或者日常常做的小动作……也许这些身体密码本身对你并没有什么意义，但是不可否认，对于爱美的女孩来说，这确实是非常致命的打击，想想看，一颗晶莹剔透的水晶却出现了一个丑陋的斑点，哪怕那个斑点再怎么不显眼，你仍是被扣上了"瑕疵水晶"的帽子。如何摘去整个帽子，让自己更加闪闪发亮、完美无瑕呢？那就从现在开始，拯救已经劣迹斑斑的问题部位，防护濒临危机的脆弱地带，持续维护处于正常状态的安全地区吧！从而保证让你的美丽360°无死角。

掌握电眼制造秘籍，你也能拥有一双扑闪扑闪的大眼睛

拥有一双扑闪扑闪的电眼，对着心仪的男孩滋滋地放电，是很多女孩梦寐以求的事情。想想看，男孩看着你宝石一般的美目，不由自主地闪神甚至失神，那些粉红色的泡泡呀，因你的电眼而瞬间弥漫你们二人之间，是不是很唯美很梦幻？可是，该怎么做才能拥有一双这样迷人的桃花眼呢？当然，这都离不开你日常的细心呵护。

早晨去眼肿

早晨起来后，可能会发现眼部有些肿胀，这时，用冰毛巾冷敷一会儿，就可以缓解了；也可以用棉花沾冻牛奶敷眼，同样也有很好的消肿作用；也可以把甘菊茶包沾水后放入冰箱冷藏柜中，待其冰却后将其敷在眼皮上，也能去眼肿。另外，还要注意在临睡前一小时不要喝水。

毛巾冷敷眼皮。

日间外出时去黑眼圈

如果要去户外，日光强烈的话，紫外线会导致眼周的黑色素沉积加重，甚至会破坏皮下毛细血管，造成眼周浮肿或者暗淡。此时一定要戴上太阳镜，以尽可能避免此种情况的发生，如果出现黑眼圈也不要惊慌，尝试一下下面这些小方法。

热鸡蛋按摩。

热鸡蛋按摩：鸡蛋煮熟后，用毛巾包裹住，按摩眼周，以促进血液循环。

用土豆片或苹果片敷眼：将去皮土豆或带皮苹果洗净，切成约2厘米的厚片，敷在眼睛上，如果是用土豆片的话敷5分钟后去除，如果是用苹果片的话敷15分钟后去除，用水洗净即可。也可以用泡过后压去茶汁的茶叶袋外敷10分钟。

多吃富含维生素C和铁质的食物：比如每天喝一杯红枣水、萝卜汁或西红柿汁等，可以促进血气运行，消除眼睛疲劳，避免黑眼圈的出现。

下午时分去疲劳

到了下午，可能会因为疲劳以及困倦而导致双眼干涩，很自然地就想用双手揉揉眼睛，这样做是不对的，很容易导致眼周细纹产生，最好滴上一些眼药水，闭目养神，或者按摩手掌心包区（在手心）、食指商阳穴、小指少泽穴等穴位，也可以缓解眼睛疲劳。

滴眼药水

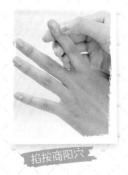

掐按商阳穴

晚间轻柔卸眼妆

下班后回到家中要及时卸妆，让眼周皮肤尽快呼吸到新鲜空气，注意卸妆时动作不要太粗鲁，要轻柔一些，以免损伤脆弱的眼部皮肤，同时要选用温和的眼部卸妆液，这样可以避免黑色素积聚，并且卸妆要彻底一些，不要让眼影、眼线、假睫毛黏液等存留在眼周皮肤上。

临睡前做眼膜

晚上临睡前可给眼睛做一下眼膜，可以去商店里面买眼膜产品，也可以自己做一款具有特殊功效的眼膜，比如银耳眼膜，做法为：先把银耳洗净，熬成浓汁，装入小瓶内放入冰箱冰镇，每次取3～5滴涂于眼角与眼周，具有很好的美白去皱作用，并且每日一次还可增加皮肤的弹性；也可以取未成熟的丝瓜去皮，去籽，洗净，捣成泥状，做成丝瓜眼膜涂在眼部；或者把数片干玫瑰花瓣浸入特纯橄榄油中片刻，取出敷在眼角处，有助于避免眼尾纹的出现。

这样你就能拥有水汪汪的大眼睛了。

眼膜是美化眼周的最佳道具。

呵护唇齿，让你的唇齿吸引他的眼神

女孩的淡淡红唇，就像绽放的花朵一样，亦像熟透的小樱桃，是女孩最性感动人的地方，所以，女孩好好养护自己的嘴唇，是非常重要的使命。现在就开始执行樱桃珠唇养成计划吧！这样才能让你的唇齿，成功锁住他的爱恋哟！

应付嘴唇干燥起皮小攻略

干燥的季节，或者喝水比较少时，嘴唇很容易出现干燥起皮的现象。出现这种情况，是因为你保湿工作做得不到位。现在开始，别再怠慢你的嘴唇了，开始下面的补水工作吧！

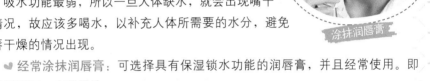

涂抹润唇膏

💜 **补充足够的水分**：由于嘴唇与其他脏器组织相比，吸水功能最弱，所以一旦人体缺水，就会出现嘴干的情况，故应该多喝水，以补充人体所需要的水分，避免嘴唇干燥的情况出现。

💜 **经常涂抹润唇膏**：可选择具有保湿锁水功能的润唇膏，并且经常使用。即使嘴唇不干，也要涂抹。

下面介绍几款简易保湿唇膜，操作非常简单，女孩们可以自己在家DIY！

蜂蜜维E唇膜

■ **材料**：维生素E若干粒，蜂蜜一勺。

■ **做法**：用针刺穿透胶囊后，将其溶液挤进蜂蜜里，均匀混合成淡黄色的糨糊状。

■ **用法**：于睡前用棉棒取一点轻轻抹在嘴唇上。

酸奶柠檬唇膜

■ **材料**：酸奶一勺，新鲜柠檬汁两三滴。

■ **做法**：将新鲜柠檬滴入酸奶中，搅拌均匀，放入冰箱中冰15分钟。

■ **用法**：用棉棒均匀涂抹在嘴唇上后，用一块大过嘴唇的保鲜膜盖住，15分钟之后揭下，再用温水清洗嘴唇，涂上润唇膏。

婴儿油橄榄油双油唇膜

■ **材料**：婴儿油适量，橄榄油几滴。

■ **做法**：将橄榄油加入婴儿油中，搅拌均匀。

■ **用法**：洗澡前用棉棒沾上混合油，以螺旋的方式涂抹在嘴唇上，等洗完澡后再重复涂抹一层便可。

敷上唇膜后，根据唇部的大小，敷上适当大小的保鲜膜，可促进双唇对养分的吸收。若双唇干燥比较严重，可在敷有保鲜膜的双唇上，再盖上热毛巾，热敷10～20分钟，保湿效果会更好。

轻指按摩去唇纹

唇纹会让人尽显老态，为了避免成为年轻的"老太婆"，经常做一下唇部按摩，以促进唇部的血液循环，预防唇纹的发生，让双唇重现光滑饱满。

兑端穴

- **穴位位置**：位于上唇的尖端，人中沟下端的皮肤与唇的移行部。
- **按摩方法**：以食指指尖按压此穴一会儿，然后作圈状按摩，直至感到嘴唇及周围皮肤有紧致为止。
- **按摩功效**：按摩此穴可刺激口轮匝肌的运动，让唇部肌肉变得紧实平滑，减少唇纹的发生。

地仓穴

- **穴位位置**：位于平行于嘴角外侧约三指的面颊中央，向上直对瞳孔。
- **按摩方法**：双手食指按压此穴一会儿，然后作圈状按摩。
- **按摩功效**：按摩此穴可刺激口轮匝肌以及面颊深层的肌肉，使肌肉恢复弹性、紧致唇部皮肤，减少唇纹。

承浆穴

- **穴位位置**：位于唇沟的正中凹陷处。
- **按摩方法**：拇指按压此穴一会儿，然后作圈状按摩。
- **按摩功效**：由于此穴位于下唇动静脉的分支上，按摩此穴可促进唇部的血液循环，使唇部更饱满，且唇色也变得自然红润。

注意如果在按摩时，用手指蘸护唇啫喱，按摩效果会更好。

日常护唇工作不可马虎

💗 给唇部做放松按摩：先稍微张开一些嘴巴，待唇部的纹路舒展开后，用左右两手的拇指和食指的指腹轻轻捏住上下唇中间，然后慢慢地往嘴角处横向捏压按摩5下，再由嘴角向唇中间按摩5下。接着用食指和中指指腹轻按住唇部中央，再由中央至嘴角方向按摩，上下唇各重复按摩8次。两手指腹再一次夹住上嘴唇和下嘴唇，将上下嘴唇分别往前捏压、轻拉约10次。

| ⬥ 微张嘴巴 | ⬥ 轻捏上下唇 | ⬥ 轻按上下唇 | ⬥ 轻拉上下唇 |

💜 **不要舔嘴唇**：唾液中含有一些刺激性的分泌物，经常用舌头湿润双唇，会使唇部肌肤更加干燥起皮。

💜 **不吃辣烫食物**：过辣、太烫的食物易刺激唇部黏膜，甚至会损伤唇部黏膜，导致溃烂或起泡，故而建议女孩们最好吃温热清淡的食物。

💜 **谨慎使用唇部彩妆**：在选购口红时一定先试用一下，试用后要将口红擦净，同时要注意不要使用廉价的口红，以免口红中存在伤害嘴唇的物质。另外，由于唇彩含有一定量的色素，因此在使用前应涂抹护唇膏，可防止唇部皮肤老化，对于唇部爱脱皮的女孩，可先涂一层薄薄的凡士林，既可以避免嘴唇干裂，又易于卸妆，而且还会使唇彩的颜色更靓丽。

买口红先试用。

💜 "火鸡脖"女孩，承接进化"天鹅颈"任务 💜

很多女孩，都忽视对脖子的呵护，认为别人只会把视线放在精致的脸蛋、傲娇的身材、漂亮的着装上，而不会注意脖子，如果你是这样认为，那你就犯了"面子工程"里的大忌了。一般大部分人的视线移动习惯都是从脸蛋上直接移到脖子上，尤其是"高傲"的美颈会让视点停留更久，甚至有人认为"脖子是女人的第二张名片"，天鹅一般高贵的颈项，更能衬托出柔美迷人的气质。

但是这张"名片"却非常脆弱，这是因为颈部的肌肉组织和皮下脂肪相对较少，尤其是颈前皮肤的皮脂腺和汗腺的数量只有面部的三分之一，故而皮脂分泌少，难以保持水分，更容易干燥、老化，再加上脖子不停地运动，比如抬头、低头、左顾右盼等，让它承受了很大的负担，时间长了，肌肤就松弛了，深浅不一的颈纹也出现了，还会时不时地酸痛一下……种种不爽的迹象都说明，这张"名片"该进行维护和修复了，那么我们该怎么做才能守住"天鹅颈"阵地呢？

呵护粉颈，从点滴做起

拥有美丽的天鹅颈不是一朝一夕的事情，首先需要平时细心地呵护，并注意改变平时的护肤习惯，尤其要在日常生活的点点滴滴中都要注意养护自己的肌肤。那么具体该怎么做呢？

🌿上面说过颈部的肌肤比较脆弱，且油脂分泌少，故而经常会感觉脖子干干的，如果此时你不提高警惕，颈纹就会悄悄爬上你的美颈。建议你每天使用内含滋润因子的颈霜涂抹颈部，并且在晚上睡觉前，涂抹护颈晚霜或按摩膏后，按摩5分钟，注意按摩力度不要太大，以免损伤脆嫩的颈部肌肤，这样不仅能润泽紧实肌肤，而且还能减少颈纹。

🌿睡觉时也要注意保护好脖子，尤其要注意寝具的选择，床和褥子要柔软一些，枕头则要选择8厘米左右高、稍微硬一点儿的，睡觉时将其摆放在脖颈的凹陷处，以支撑仰卧时脖颈形成的山形弯曲。

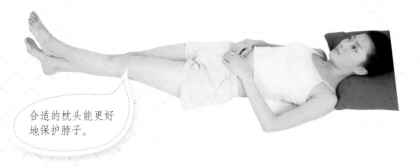

合适的枕头能更好地保护脖子。

🌿外出时，为了防止紫外线照射到颈部，导致色素沉着和黯哑无光出现，可在出门之前取适量的防晒霜涂抹于颈部。

🌿秋冬季节，天气会比较冷，女孩常常会穿高领毛衣，容易摩擦颈部肌肤。女孩如果想要穿高领衣服的话，可在里面加上一套贴身的棉质高领内衣。

🌿当感觉脖子有些劳累、酸痛时，将盐水放入冰箱中冻成冰块，取出用毛巾裹住，放在酸痛的位置，边做冷敷边画小圈按摩，时间持续20～30分钟。

🌿由于颈部的肌肤比较敏感，在挑选颈部保养品时须谨慎小心，一定要挑选符合自己皮肤特点的护颈产品，一般颈部的敏感度与面部相差无几，不妨参照面部护肤品。对于颈部保养品的使用类型，建议选择乳膏状的，尽量不要选调配型的，因为这类型的需按比例调制，具有一定的难度。另外，也不要选择太油腻的产品，否则使用后穿上高领毛衣会非常的不舒服。

美颈小撇步，修炼开始

接下来，将为大家介绍一套完整的护理程序，脖子累了一天了，回到家按照这套流程给你疲惫的脖子做做保养吧，否则产生难看的"鸡脖子"就惨了。如果你能每天坚持做完下列流程，你的天鹅颈魅力指数就又会上扬几分！

Step 1 做好清洁工作

每天洗澡时，先用30℃左右的温水冲洗颈部，注意一定要控制好水温，不可太热，否则可能会刺激肌肤过早老化而出现皱纹。而且30℃左右的水温还可刺激肌肤吸收水分和养分。

清洗过后，用中指和无名指沾取柔和的洗面奶或者其他颈部清洁产品，以打圈的方式由下向上轻轻地涂抹在颈部，然后再彻底地清洗一遍。

颈部也容易出现老化细胞和死皮，即使用清洁产品也很难洗掉，因此建议每月用去角质霜在颈部轻轻地打圈按摩，去除颈部的角质。

按摩颈部

Step 2 热敷

给颈部做完清洁工作后，再给脖子做一下热敷，这样有助于打开毛孔，使肌肤得以呼吸。那么，该怎样给美颈进行热敷呢？

首先，准备一条质地柔软的全棉毛巾，接着将水烧热至40℃～50℃，将毛巾放入热水中浸透，捞出用双手拧干，直至不滴水，然后将热毛巾敷于颈部，要边敷边轻轻地按压，10分钟左右即可取下。

Step 3 上膜

经过热敷后的颈部肌肤已经完全打开毛孔，这时给颈部做颈膜是最好的时机。但在做颈膜前，需要先根据自己肌肤的实际情况挑选适宜的颈膜产品，比如干燥肌宜敷保湿面膜，黯哑肌宜敷美白面膜，颈纹、松弛肌宜敷抗老化面膜。注意千万不要用深层清洁面膜来代替颈膜，否则会导致颈肌更加干燥。

另外，年龄也决定着你使用颈膜的类型，比如年轻女孩，建议使用能清洁肌肤、吸收毛孔内的垃圾和油分的清爽海洋膜；年长一些的女性，则建议选择使用能够补水保湿、柔嫩肌肤、缓解颈肌僵硬的舒缓型颈膜。

将颈膜敷在颈部，等15～20分钟后，将颈膜去除，注意在去除颈膜时不要采用撕拉的方式，以免拉得颈部肌肤更松弛，甚至会损伤颈部肌肤。颈膜不可做得太频繁，每3天左右做一次即可。做完颈膜后，再对颈部进行冷敷，取一些冰水，将毛巾浸泡在冰水中，拧干至不滴水后，敷在颈部5分钟左右，取下毛巾，晾15～20分钟后再进行按摩或涂抹颈霜。

喜欢DIY的女孩，也可以自己在家做颈膜，在这里教大家几款特效颈膜的做法，大家一起来动手吧！

♥ 美白颈膜：以2:1的比例分量准备好蜂蜜和蛋清，放入美容器皿中，然后滴入两滴柠檬汁，将其搅拌均匀即可。此款颈膜可美白滋润肌肤。

♥ 抗敏颈膜：取一根香蕉和半个蛋清，将香蕉打成糊状，放入美容器皿中，再倒入蛋清一起搅拌均匀即可。此款颈膜具有抗过敏作用，经常服用可防肌肤过敏，非常适合敏感肌肤使用。

♥ 万能颈膜：将黄瓜打成碎末，取出适量放入美容器皿中，再加入适量的蜂蜜，将其搅拌均匀即可，非常简单。此款颈膜可保湿、滋润、营养肌肤，无论你是何种肤质，都可以无负担、无顾忌地使用。

自制面膜实惠又高效。

以上颈膜的使用方法是：将做好的颈膜均匀地涂抹在颈部皮肤上，然后在颈膜外裹上一层保鲜膜，这样可以防止水分流失和材料氧化。敷约20分钟后，去掉保鲜膜，用颈部清洁产品清洗干净即可。

Step 4 滋养

清洁或做完颈膜之后，用食指和中指蘸取适量具有保湿、美白、滋润、紧致或除皱作用的营养颈霜，由下向上以打圈的方式轻轻涂抹颈霜，并以同样的方式轻轻地按摩颈部，以促进营养的吸收。

经常活动活动美颈吧

很多职场女孩常会对着电脑长期保持一种姿势，这样脖子就会感觉疲惫和酸痛，甚至有可能患上颈椎病。因此平时在家时或工作间隙要经常按摩一下颈部，或者做一能够放松颈部的一些简单的运动。下面就为大家介绍几组颈部操，大家一起来做一做吧！

颈部按摩操

上扬头部，使前面的颈部充分暴露出来，用双手指腹从颈根部开始，沿着脖颈右下向上缓缓提至下颚的位置略停，接着再由颈根部向左上至下颌角处，之后再反方向重复上述动作，可从左往右、从右向左重复多次。此颈部按摩操可提升和紧致肌肤，避免颈肌松弛而致颈纹的产生。（见下图①②）

360°转颈操

1.取坐姿或站姿均可，挺直腰背，颈部也要挺直，不要缩脖子，肩部保持不动，双眼平视前方。（见右图③）

2.接着依次做向前低头、向后仰头、向左右侧转头、环形转头等动作，做完这一组动作后，再引颈向上，头往上顶，20次为一组，注意在做的过程中动作要缓慢柔和，不要过猛，否则可能会导致眩晕，甚至会损伤颈椎。此项运动能够活动到颈肌、颈椎，有助于减缓颈部酸痛、僵硬感。（见下图④⑤⑥⑦）

左右侧拉运动

1.取坐姿或站姿均可，挺直腰背，颈部也要挺直，不要缩脖子，肩部保持不动，双眼平视前方。（见下图⑧）

2.头最大限度地向右侧歪，尽可能让耳朵碰触到你的肩膀，直至左侧颈肌有很强的拉紧的感觉出现，保持这个姿势静止4～5秒。换另一侧做相同的动作。这项运动能够锻炼到平时较少能够活动到的颈部肌肉，尤其是颈酸最常出现在颈项两侧，常做此运动可缓解颈部酸痛和僵硬感，同时还能舒缓颈部肌肉。（见下图⑨⑩）

手肘膝盖皮肤闪亮，人气大恢复任务 ♥

膝盖和手肘处经常会出现皮肤干燥且黑乎乎的，而且还会有硬硬的痂，就像下图这样。

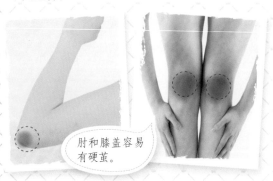

肘和膝盖容易有硬茧。

之所以出现这种情况是因为皮肤角质干燥而变硬，从而阻碍了新生皮肤生长。那么，如何让手肘、膝盖皮肤恢复闪亮人气呢？坚持执行下面的保养恢复任务吧！

首先要改正用肘撑桌子，用膝盖跪着走的习惯。（见下图①）

知道了原因，接下来要注意的是皮肤的保湿。沐浴时请泡在38℃的温水里，好好享受半身浴，注意水温不要过高，否则会让皮肤变得干燥哦。（见下图②）

为了不让手肘和膝盖处的皮肤受伤，请使用柔软的润肤刷，画着圈轻柔地搓洗，能够搓洗掉那些变硬的皮肤角质。膝盖处也做同样的处理。

沐浴完以后，重点在手肘、膝盖处涂上保湿用的润肤乳。（见下图③）

然后在手肘和膝盖处敷上湿毛巾或是用保鲜膜包裹起来，效果会更好哦！（见下图④）

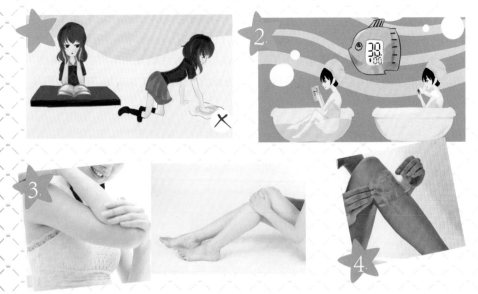

这样看，是不是保养起来并不难呀？那就坚持每天这样做吧！

精心养护双腿，变身美腿人气王 ♥

要想有纤长漂亮的腿部，平时的保养是很重要的，特别是在忙碌的时候，更应该为你的美腿减减压、加加油了。那还不马上行动，执行美腿任务！

别忽略腿部补水

你的小腿是不是总是感觉干干的，有时还会有起皮或皮屑脱落？是不是有时还会看到一条条的白色干纹？导致小腿劣迹斑斑的元凶，一是因为小腿本身皮脂腺就少，缺少自身润泽的功能，二是因为你太忽略小腿的保养了。为了让小腿重新焕发水润光泽，赶快给双腿补补水吧！

首先平时不要长时间在室内吹冷气或暖风，否则双腿里的水分很容易被吹走，导致肌肤干燥。如果是不得已要经常处在这样的环境中，要注意为玉腿补充水分，比如涂抹乳液，或者喷洒营养水。

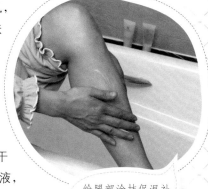

每天回家洗完澡后，用毛巾给腿做一下冷敷，帮助堆积在腿部的水分往上送，这样会更紧实腿部。另外，洗完澡后，要在双腿还没干透的时候，涂抹能够缓解腿部干燥的滋润保湿液，不要等到水分蒸发后再擦，否则滋润效果会大打折扣。

给腿部涂抹保湿补水护肤霜。

做一下唤醒玉腿的按摩吧

可边涂抹乳液边进行按摩，以唤醒腿部循环，按摩方法有三种，接下来分别为大家进行详细的介绍。

💨 揉压腿部，软化脂肪：取坐姿，双腿向前伸直，微曲膝，按摩一侧的大腿靠向胸前，将一只手的手掌置于脚踝处，然后向膝盖的方向稍用力揉压按摩。另一条腿按同样的方法进行揉压。（见下页图①）

💨 揉推腿部，消除紧绷：手指指腹先放于小腿肚下方，然后由下往上同时用力揉捏或揉推小腿肚。另一条腿也以同样的方法进行揉推。（见下页图②）

💨 拍弹腿部，增加弹性：取坐姿，双腿向前伸直，微曲膝，按摩一侧的大腿和膝盖靠向胸前，可以一只手固定腿部，一只手以空掌心的手势拍弹腿部，也可以两只手都以空掌心的手势同时或交替拍弹，方向先由下向上，再由上向下，可反复拍弹多个来回。（见下页图③）

按摩时要牢记这句按摩口诀：一压、二揉、三捏、四拍。同时还要注意按压力度要适当，不可过度用力。

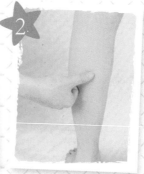

⬤ 揉压腿部   ⬤ 揉推腿部   ⬤ 拍弹腿部

以上动作即可以促进血液循环和代谢，缓解腿部干燥，又能促进脂肪燃烧，具有瘦腿作用。

给小腿去角质

腿部是最容易滋生角质的部位，尤其是小腿的位置，因此平时应经常给小腿去角质，但要注意不可过于频繁，否则的话，可能会导致皮肤发红发痒。建议一周做一次最好，如果是膝盖和脚后跟等角质比较硬的地方，可以一周做2次。

去角质之前，需要先准备一桶热水，将小腿浸泡在里面，大概5~10分钟，角质层就会软化，这时取适量磨砂膏涂在上面，然后从下向上打圈摩擦磨砂膏，使其与角质融合，同时对双腿也是进行从下往上按摩。这种按摩顺序能够对抗地心引力，千万不要从上往下按摩，否则会很容易拉皱皮肤。老化角质多的位置，比如膝盖和脚踝，可多按摩一会儿，但需注意不可用力过大过猛，以免损伤肌肤。

去完角质后，一定要使用保湿护肤品，以帮助锁住腿部的水分。

夏天要做好防晒工作

夏天，女孩都很喜欢在这个季节，穿上短裙、热裤，露出美美的玉腿，展现无限风情，感觉非常的好。但是别忘了，这也是紫外线最强的季节，曝光一段时间后，你的如葱玉腿的颜色就会消失无形，因此，夏季在展览你的美腿的同时，也要做好防晒工作！

出门前可以穿上防UV功能的丝袜，这样就能阻隔一部分紫外线的照射了，不喜欢穿丝袜的话，出门前可以涂抹SPF值在8~12的防晒霜，同样具有很好的防晒效果。对于身材高挑的女孩，尽量穿飘逸的长裙吧，虽然不能露出美腿了，但同样不减风情！

最好穿上具有防晒功能的丝袜。

出门归家后，让晒了一天的美腿镇静一下吧，首先洗净双腿，取出冰块，用毛巾包裹住有点发热的双腿，等双腿温度降下来之后，再均匀涂抹一层美白保湿护肤品，用手按摩腿部以促进营养成分的吸收。

天寒地冻，做好腿部保暖工作

天气寒冷的时候，也许是没有时间，或者感觉双腿的保暖很容易应付。现在开始，放弃这种做法吧。开始把泡澡提上日程，具体方法如下：

1.一边泡一边可以用刷子刷脚底，能够去掉老化角质。

2.洗完脚后用润体霜之类的护肤品给脚心做按摩，按摩方法为：挤压脚底板的时候会出现线条，就像"人"字的结点，那个位置就叫涌泉穴，用拇指指腹进行逆向顺向按摩3分钟。

3.按摩之后请别忘记穿上棉拖鞋。

4.睡觉的时候把腿放在枕头上，让腿架高也有很好的保暖效果。

只要稍微做一下，就可以解除寒冷了，那么去除寒冷后，腿部肿胀也就跟着消失了。

平时在外面时，也有解决因寒冷导致腿肿的方法，比如在上课或者上班时，可能不适合再按摩脚心，但却可以坐在椅子上，不断地跷起脚跟，效果也很不错。（见下图①②）工作暂停休息时，让身体动起来，活动空间小的话，可以做原地踏步走的简单运动，以增加活动量，同样也能让腿变得暖和起来。（见下图③）

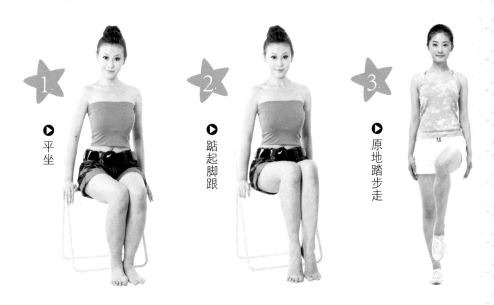

▶ 平坐

▶ 跷起脚跟

▶ 原地踏步走

在约会的时候，为了保持雅观，可能不适合动来动去了，那么应该怎么办？不要忘记了还有打底裤，同样能带来暖意，而且选择合适的打底裤，还能对腿形有衬托效果。

穿打底裤的时候最好坐在椅子上，因为站着穿的话脚趾会弯曲，穿起来会很困难，所以应把脚趾一根一根绷直，边旋转边调整把裤子穿上去，但要注意穿正，不要扭曲了！

最后站起来，要从下往上慢慢地拉，让臀部最终看起来很紧致，这样子线条就从下往上体现出了性感。怎么样，这样尝试一下，是不是既有温暖的感觉，又保持了性感？

再者也可以穿上能够包住膝盖和小腿部分的保暖袜，同样会让你有温暖的感觉。

肥腿去肉肉小谋略

越来越粗壮的腿是女孩们无法忍受的，曾经钟爱的牛仔裤怎么也穿不上，更是让人痛苦不堪。面对这种情况，长期坚持做到下面几点，你的纤瘦玉腿就会重新归来。

揉搓大腿

常练搓腿功：洗澡时，在搓双腿之前，先涂抹上一层沐浴露，这样起到润滑的作用，可减少肌肤摩擦，接着双手从大腿根部向膝盖方向稍用力揉搓，然后再反方向揉搓，可能刚开始搓50下后会感到胳膊酸痛，此时千万不要停下来，坚持搓到100下才能达到改善腿部循环，消除腿部浮肿的效果。你也可以将没有煮过的咖啡粉加入蜂蜜，搅拌均匀调和成按摩油，涂抹在大腿和臀部，然后进行揉搓和按摩，这样不仅能促进肌肤血液循环，防止产生蜂窝组织，而且还会使腿和臀更加紧实有弹性。

揉搓腿肚

揉搓腿肚：在洗澡时，抬高双脚，取适量海盐沐浴乳均匀涂抹在小腿肚上，用手掌由脚跟往上到腿窝来回揉搓20次，直至感觉到发热后，再用保鲜膜将腿肚包裹起来，等约10分钟，去除保鲜膜，用温水将海盐沐浴乳清洗干净。

站立阶梯式运动：双脚站在楼梯的台阶上，或者站在20厘米高的物体边缘上，用手扶住墙以保持身体平衡，接着抬高脚跟，使后脚跟悬空，然后慢慢跷起脚尖，到达最高点时稍微停留一下，然后再缓缓放下脚跟，之后再重复上述动作，每次需连续做6次以上才有效果。如果是上班族，可在工作一段时间之后，站起身体，双腿自然并拢，双手扶住桌边，以稳住身体，使身体保持平衡，接着双脚同时提起脚跟，前脚掌着地，保持这个姿势2～3秒后放下脚跟，每次重复做15组这样的动作，每天可做5～6次。此方法同样具有收紧小腿，塑造腿部线条的作用，同时还能让腿部肌肉更具弹性。

腿肿了，执行消肿任务

腿肿是女性最常见的一种症状，如何消肿是女孩们最为苦恼的事情。在这里为大家介绍一些非常简单的消水肿之法，不妨尝试一下。

首先，从饮食上着手，当发现水肿时，可以煮一些红豆汤来喝，也可以用荷叶、玉米须、决明子冲茶喝，具有很好的利尿消肿作用。

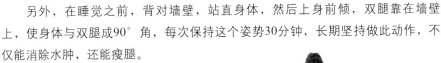

决明子茶消水肿。

其次，每天晚上用生姜泡脚，也可以促进水分代谢，消除水肿，同时还能舒缓肌肉紧张。具体方法为：取一块老姜，打成碎末，准备一桶热水，将姜末放入热水中，将腿放入水桶中，注意水要没到小腿肚，然后用双手由下向上按摩小腿。建议每两天浸泡1次。

另外，在睡觉之前，背对墙壁，站直身体，然后上身前倾，双腿靠在墙壁上，使身体与双腿成90°角，每次保持这个姿势30分钟，长期坚持做此动作，不仅能消除水肿，还能瘦腿。

随时随地做好护腿工作

1.平时上楼梯时，可以抬起脚跟，尽可能让腿部承接起体重，可消除大腿内侧和臀部多余的肉肉。

2.工作间隙，坐在椅子上时，两条小腿交叉在一起，用力压一下，重复压8次后，两腿交换位置，重复上述动作，同样压8次。整个过程要保持自然呼吸。此动作可塑造小腿线条。

3.看电视时，坐在椅子上，注意坐姿要端正，挺直腰身，尽可能同时抬高双腿，伸直双腿，注意不要弯曲膝盖，双腿要并拢，然后放下，重复8～10次。此动作可帮助消除大腿两侧的赘肉。（见右图①②）

4.散步时，步子比平时大一些，速度也快一些，间或竞走一段路程，即可锻炼腿部肌肉，又能增强你的活力。

1. 端坐

2. 抬高双腿

5.忙了一天，或者做过运动后，用热毛巾敷一敷双腿（见右图③），不仅能促进血液循环，而且还能促进毛孔张开，让皮肤尽情呼吸。

6.如果外出参加活动，或者约会，双腿肌肤让你不是很满意的话，可给小腿化化妆，比如用带珠光成分的化妆品，可以让小腿呈现健康亮泽，同时通过光线反射还能让腿看起来更纤瘦。

3.
用热毛巾敷腿

呵护双足，也能让你的人气达到满点

虽然并不是穿上可爱的鞋子就能变身灰姑娘，但是美丽的玉足却也是人气飙升的要点之一。想要成为人气女孩，就要努力做"足"功课，这样才能成为十"足"小美人。但是，到底应该怎样做才能让自己的双足闪闪发光呢？

养护足部，向玉足升级

为了让双脚变得美美的，日常保养不可少，赶快按下面提供的方法，行动起来吧！

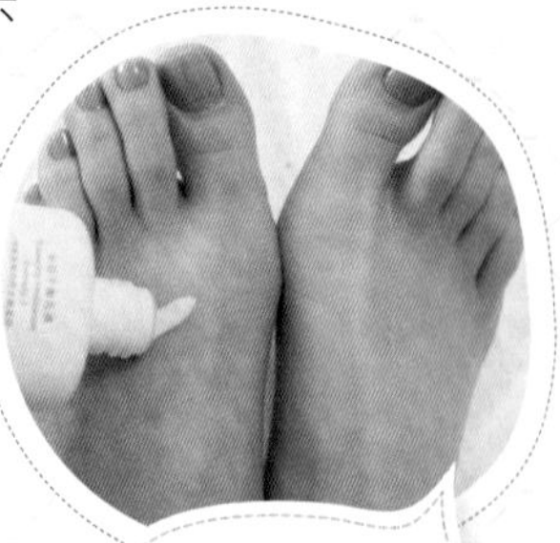

💗 脚部美白：脚部既容易生死皮，又容易因穿凉鞋而出现晒痕，让脚部肤色不均匀，因此每次外出前，给脚涂上防晒霜。同时平时应经常给脚部去死皮，可在脚部涂抹上磨砂膏，磨砂膏可以去市场上买成品的，也可以将海盐与橄榄油以2:1的比例进行调配，接着揉搓磨砂膏，并按摩5分钟，然后洗净再敷上一贴美白面膜，约10分钟后去除面膜，接着涂抹上美白护肤品。

出门前涂抹防晒霜。

💗 穿合脚的鞋子：高跟鞋很容易磨破脚，如果需要长时间走动时，尽可能穿平底鞋，或者跟不那么高的鞋子，如果不得已需要穿高跟鞋，则可垫上鞋垫，减震鞋垫更是不错的选择，可以保护脚部。

💗 按摩护脚：脚上有很多穴位，经常按摩这些穴位既可以促进血液循环，消除肿胀，又能放松双脚，消除疲劳。按摩时可先涂抹一层矿物油和纯净盐，按摩效果会更好，也可配合使用按摩工具。

按摩方法为：先按摩脚底，再从脚尖到脚跟上下来回揉搓5～10次；接着从大脚趾逐个揉捏到小脚趾，并用手指掐一掐每个脚趾根部的关节处；然后依次揉搓双脚外侧面、前脚掌、双脚内侧各5～10次；最后一只手扶住脚踝，另一只手握拳，

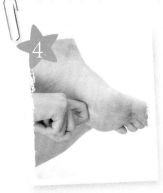

● 揉搓整个脚底　　　　● 揉捏脚趾　　　　● 掐脚趾根关节

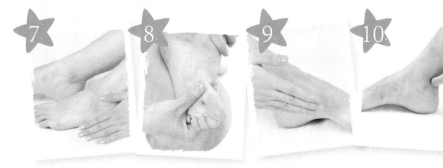

● 揉搓脚外侧　　　● 揉搓前脚掌　　　● 揉搓脚内侧　　　● 按揉太溪穴

出现问题脚，赶快行动起来

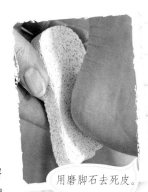

用磨脚石去死皮。

　　你的脚部皮肤看起来是不是很粗糙，是不是经常出现恼人的死皮？令人讨厌的鸡眼和老茧是不是也偶尔会困扰你一下？鞋里面时不时散发出的臭味是不是让你很尴尬……当这些麻烦的情况出现，该怎么办呢？你是不是正在烦恼？下面就教大家一些应对策略，一起来学习吧！

　　💐 粗糙脚：每周做一次足疗，可将足用泡腾片溶入热水中，将双脚放入药水中浸泡20分钟，然后用果酸型磨砂膏和颗粒型磨脚石去除脚上的死皮，洗净后涂抹上保湿霜。也可以每天用敷完脸的面膜再敷到脚上，坚持一段时间，你的双脚就会变得娇嫩无比。

　　💐 老茧：老茧一般比较坚硬，很难去除，每天可在洗完澡脚未干时，用小锉刀磨去硬茧，注意挫茧子时要小心谨慎，不可太过用力，以免损伤脚部，接着涂抹上富含乳油木的足部养护霜，再裹上一层保鲜膜，你就可以美美地睡上一晚了，早上起来，看看脚是不是白嫩了很多。

💊 鸡眼：脚上长鸡眼，常感觉疼痛难忍，白天为了防止鸡眼与鞋底产生摩擦，可用特殊绷带包扎住鸡眼，并勤换鞋子，避免细菌感染。晚上临睡觉前，先用热水泡一下脚，直至鸡眼部位被泡软，然后用小锉刀除去软化皮质，再涂抹上含水杨酸的药品，可每隔两天换一次药，坚持一段时间鸡眼就会脱落了。

💊 脚臭：一般脚臭都与真菌和脚出汗有关，平时应常洗脚，并用苦参、苍术、蛇床子等煮水，倒入浴桶中，双脚浸泡在药水中40分钟，或者使用除臭防菌浴盐，每周泡3～4次即可，具有很好的通经活络、杀菌止痒效果。

首先给双足做个SPA吧

每天都要用温水泡脚，可将适量柠檬或者橘子皮放入热水中，等水温变成温水后再把脚浸入水中泡30分钟，在泡脚的同时按摩足底的涌泉穴和大脚趾后方偏外侧足背的太冲穴，再用中性的香皂或者浴盐清洗双足，洗干净后用软毛巾擦干脚上的水分，擦脚时要注意连脚趾缝也一起擦干，以免脚趾缝中残留脏东西和皮肤碎屑，引发异味。

给足做SPA，塑造白嫩玉足。

用稍微烫一些的水，在水中加入留兰或者迷迭香精油，也可以将洋甘菊、黑胡椒、尤加利、薰衣草精油，或者取玫瑰精油2滴、肉桂精油1滴、乳香精油1滴、橄榄油10毫升配置成复方精油，选其中一种配方加入热水中，浸泡约20分钟左右，既能缓解脚部疲劳，减轻腿足部位的肌肉酸痛，又可以治疗足部多汗与异味症状。如果你能更勤快一点，可以先用热水泡脚，用磨脚石充分磨去脚部的死皮后再用精油泡脚，效果更好。

注意泡脚水不宜太烫或太凉，维持在60℃～70℃的水温即可，水量以没过脚踝为佳。泡过脚后需喝250毫升～300毫升的白开水，以补充水分，同时还能促进身体排泄。

脚趾甲也需要美甲一下

平时女孩们都将手指甲奉若宝贝，但也不要偏心，忽视脚趾甲，养护得当它也是能够让你大放异彩的亮点呢！

用指甲剪定期修剪一下脚趾甲，修出漂亮的形状后，再用指甲锉打磨甲缘，让其圆润无棱角。如果趾甲后面有死皮，可用小海绵将脚趾隔开，接着用指皮钳修剪死皮，再用指甲锉打磨趾甲表面，这时趾甲表面可能会出现碎屑，使用趾甲刷将其刷去，最后涂上一层护甲油即可。

涂抹指甲油时要隔开每个脚趾。

给脚趾甲涂上鲜艳的颜色或美美的图案时，应采取正确的涂趾甲油的方法，并注意一些事项：先要涂抹一层基础油，以隔离趾甲油，可保护趾甲，增强趾甲油的效果；涂趾甲油时顺序很重要，最好从小脚趾开始涂抹，这样可防止擦蹭到刚涂好的脚趾甲；甲面大小不同，涂刷次数不一，大脚趾可刷3次，其余脚趾可刷1～2次，注意要一次刷过，不可反复涂刷，以防甲面不光滑；上完甲油晾至略干后再涂上一层保护油，以防甲油过早损坏。

女孩应掌握的时尚又舒服的穿鞋攻略

在买鞋子的时候，你是不是常常会遇到这样的情况，买的时候试穿时刚好合适，但是，买回家穿上之后会感觉有点紧，尤其是上午买鞋更容易出现这种情况，为什么会出现这种不尽人意的事情呢？

这是因为人的脚部需要吸收水分来用于支撑人的体重，所以常常会导致傍晚比早上要臃肿，因此最好是在脚相对比较大的傍晚去买鞋子。

另外，买鞋子的时候不要怕麻烦，要两只一起试穿，因为你的左右脚不一定一样大。试穿后，站起来走动一下，以便确认走路是否会痛或者不舒服。

如果鞋子不跟脚，可以套上鞋圈，这样既可以牢牢地固定脚和鞋子，穿起来比较舒服，又会让鞋子看起来更漂亮，增加时尚感。

买到新鞋后不要立刻就穿，要用布沾上鞋油仔细地涂抹在鞋子表层，完成后用别的布擦干净，这样重复两遍左右，然后使用防水喷剂，这样即使突然下大雨也不用担心会使鞋子坏掉。如果认真地做好保养，鞋子的寿命也会更长一些。

穿合脚的鞋子是
脚健康的关键。

手部养护全攻略，助你修炼纤纤玉手 ♥

纤纤玉手，是每个女孩都心生向往的，甚至有的女孩将手看作是自己的第二张脸，像对待脸一样精心养护双手，但你真的会护理手部吗？你平时做的护手程序真的是对的吗？相信你在下面的护手攻略里能够找到答案。

做好日常最基本的护手工作

手部护理并不是简单地洗洗手，涂抹一下护手霜就行的，需要有一整套的程序，在这里为女孩们介绍一套最基本的护手流程，虽然不要求你天天按这个流程操作，但至少一周要做1～2次，坚持下去，你的手就会变得越来越嫩了。

Step 1　浸泡，软化角质

取适量橄榄油滴入温水中，将手放入水中浸泡约15分钟，可软化角质，改善皮肤粗糙。

Step 2　深层清洁，修剪

在手上均匀涂抹少许死皮霜或磨砂膏，按摩整个手背、手掌，注意手腕处也不要放过。如果指甲周围有硬皮，边缘有倒刺，指甲有点长了，可趁机进行修剪。

Step 3　手部按摩，通络手指

做完清洁工作后，再取适量按摩霜，均匀涂抹双手，接着进行按摩，按摩方法如下：

◑ 按摩手背：用一只手的指腹按摩另一只手的手背，可逐个从指尖向指根方向按摩，接着再按上手背至手腕处。换手重复上述操作方式。注意按摩动作要轻柔，不可太过用力。

◑ 按摩手掌：用一只手的指腹以螺旋画圈的形式按摩另一只手的整个手掌，并握拳用指间关节点按掌心上的穴位，有酸痛感的位置可多按几下。

◑ 按摩手指：用一只手的食指和中指夹住另一只手的单个手指，以螺旋状旋转拉伸的方式从根部滑向指尖，注意十根手指每一根都要像这样按摩到。

Step 4　手指保健操，完美双手

➴ 压手伸指：双手自然平放在桌面上，双手轻轻地向下压桌面，举起其中的一根手指头，尽可能地向上抬高，每一根手指都抬过一遍后，接着展开、收缩十指，可重复多次，经常做此练习可使双手更灵活敏捷。

➴ 高举握拳伸指：高高向上举起双手，伸直手臂，握紧拳头，接着慢慢伸开

拳头，尽可能向外伸展每根手指，然后再握拳，再伸展手指，重复做5分钟。经常做此动作可缓解手部紧张感，让双手更柔软，同时还能减少手背青筋。

Step 5 做最好的完美保护

做完上一套动作后，别忘了涂抹上补水且不油腻的护手霜，再轻轻地按摩一会儿，以促进肌肤吸收护手霜中的养分，最后戴上棉质手套就可以上床睡觉了。第二天你就会发现手变得嫩嫩的、软软的了。

棉质手套

日常家居手部护理秘籍

女孩们的手几乎无时无刻都闲不下来，不是工作就是干家务，有时还会做一些DIY，这些都对手有伤害，尤其是干家务对手的损害更甚，为了让你的手始终如玉，做好日常居家护理十分重要。

　💚 要经常洗手，并且每次洗手之后，都要在肌肤未干之前涂抹上护手霜，以帮助肌肤锁住水分，不要嫌麻烦，即使每天涂10次也没关系。注意涂抹护手霜时不要忽略指尖、指间及手腕处。

　💚 每次睡觉前，都需要卸妆洗脸，在洗脸之前，先倒入脸盆一些温水，洗干净手，洗的过程中可以将手浸泡在水中一会儿，然后再用温水洗脸。

　💚 淘米水中含有丰富的营养，睡前可将双手浸泡在淘米水中约10分钟，然后用温水洗净后涂抹上护手霜，再裹上一层保鲜膜，等10分钟后去除保鲜膜，坚持一段时间，你就会发现双手变得又白又嫩。

　💚 经常给手做一做手膜吧！可以把喝剩下的牛奶或酸奶均匀涂满整双手，等待15分钟，然后用温水洗净；也可以取少许白砂糖，滴入几滴柠檬汁，调和后放在洗手台上，先洗净双手，然后取适量调和好的护肤品抹到手上进行揉搓。长期坚持可美白嫩滑双手。

　💚 干家务时，比如洗碗、洗衣服时，一定要戴上手套，以免清洁剂和洗衣粉等化学制剂伤害肌肤。

出门前涂抹防晒霜。

　💚 外出时先擦SPF15以上的护手霜，以免紫外线照射导致皮肤粗黑、暗沉，注意要每两小时补擦一次。

好了，学习完这一课，是不是觉得以前经常忽略的部位，原来也需要这么用心地养护才行，要不然，很容易就在细节上泄露了你的隐私。现在知道了它们的特殊需求，也掌握了护理它们的特殊方法，赶快行动起来吧，过不了多久，就会成为零缺点的美肌达人了。

第 9 课
缩小毛孔，做 "零" 毛孔小美女

女人的美丽源于精致，聪明的女人从来都不会忽视身上的每一个细节，哪怕是一根汗毛！

——这一课你要牢记的谏言

你的脸好像橘子皮哟！

别人都说我的脸就像橘子皮，可见我的毛孔有多粗。

我好朋友说，我的男朋友说的是事实，这是明摆着的，你需要认清自己，好好保养！

橘皮妹！

就连我的男朋友也偶尔调侃我，叫我：橘皮妹！

为此，我和男朋友大吵了一架，发誓再也不理他了。

痛定思痛，我下决心要做 "零毛孔" 小美女，并决定从现在开始！

大多数女孩可能多多少少都不太在意自己毛孔的大小，对镜看到自己粗糙的皮肤像橘子皮一般，往往会认为是肤质不好的缘故，你可真的冤枉自己的肌肤了，岂不知这很有可能是毛孔粗大惹的祸！啊？毛孔粗大？那是怎么一回事呢？如果你对毛孔还不足够了解，如果你想摆脱"小橘子"的称号，拥有细嫩弹滑的肌肤的话，那么下面的课程将教你充分认识毛孔，并教你一些缩小毛孔的小攻略，让你成为"零"毛孔美女，千万不要错过！

毛孔，它是怎么大起来的

任何事情的出现，都有一定的原因，毛孔粗大同样有着深层次的原因和背后元凶，只有揪出它们，才能对症施治，接下来，我们就深入挖掘一下内幕吧！

💧 **缺水**：皮肤缺水，尤其当真皮层开始缺水的时候，皮肤就会因得不到滋养，而使皮肤质量走下坡路。持续缺水下去，毛孔粗大、皱纹等问题就会找上门了。

💧 **油脂**：油性皮肤最容易出现毛孔粗大，这是因为皮肤中的油脂过多地堆积在毛孔里，随着越积越多，毛孔就会越来越膨胀，最终把毛孔给撑大了。混合型皮肤的女孩子，其脸部的T字部位油腻锃亮的原因也是这个。

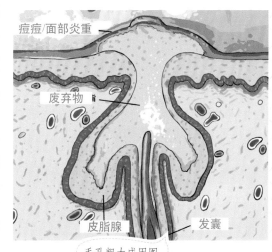

毛孔粗大成因图。

💧 **角质层不清理**：角质层，就是皮肤老化的那一层无用的"死皮"。有些女孩子不注意清理自己的角质层，那么它们当然会留在皮肤表面，随着越积越多，油脂被堵在毛孔里出不来，毛孔就会被撑得越来越大。

💧 **肌肤老化**：皮肤衰老，肌肤新陈代谢的能力就会降低，毛孔的排泄能力也随之降低，很多废弃物就会因排不出来而堆积在毛孔里，从而导致毛孔粗大。

💧 **"虐待"皮肤**：皮肤是非常娇嫩的，经常挤痘痘、挑螨虫、拔唇毛……这么折腾，皮肤当然会不好过，如果不小心伤着了真皮组织，很可能就是永久性的损伤，再想让毛孔恢复也就没那么容易了。

除了上述这些原因，"画蛇添足"也会导致皮肤问题，比如说使用一些没有质量保证的面膜，或者随意地在脸上涂抹各种自制的药膏……这些做法非但起不到保护皮肤的作用，反而会导致皮肤自身受到损伤，得不偿失。

为了你的毛孔，别走进这些误区 💜

说起护肤，每个女孩都可以说是行家里手，甚至个别女孩堪称"骨灰级专家"，但说起保养毛孔，可能有不少女孩都会一头雾水，不知如何入手，甚至一些自认为有一定护肤心得的女孩，非但不能缩小毛孔，反而会让毛孔越来越粗大。出现这种情况，说明你陷入了一些护肤误区，此时要尽快止损，以免越陷越深。接下来，就为大家收集一些女孩们易犯的错误，平时注意规避。

第一误区：热水洗脸，拒绝冷水

许多女孩会有这样一个观点：用热水洗脸，脸洗得干净。特别是油性皮肤的女孩，老是觉得脸上油腻腻的，认为用热水洗的越勤对皮肤越好，甚至白天洗两三遍脸，早晚再用热水洗一遍，结果皮肤反而一天比一天差。很多女孩对此非常困惑，如果脸上有油脂，不彻底洗净，堵塞了毛孔，那不是就把毛孔变大了吗？用热水洗脸不刚好解决这个问题吗？可为什么反而把脸给洗毁了呢？要解释这个问题，就要先明白热胀冷缩的原因，皮肤和其他物体一样，也遵循着这样一个原理，用热水洗脸，就会刺激毛孔舒张，利于把油脂排出去，但如果不让毛孔缩回来，它就会越来越大，所以，只用热水洗脸，虽然舒张了毛孔，但却无法让它缩回来，这样就错了。

那么，怎样才能让毛孔既能舒张开来，又能缩回去呢？尝试用冷热水交替洗法吧，可先用热水洗一下脸，用热毛巾敷一会儿脸，等毛孔舒张了，再取适量洗面奶，用手搓出泡沫，均匀涂抹在面部，按摩一会儿，然后用热水洗净。彻底洗净之后再用冷水洗，让冷水收缩下毛孔，这样洗脸的步骤就算完成了。补充一下，如果皮肤还算可以的女孩，没时间进行冷热水交替洗脸，那就谨记一句老话，"冷水洗脸，温水刷牙，热水洗脚"，好好做到，对皮肤乃至身体都大有好处！

用温热水洗脸。

第二误区：不用化妆品，素颜朝天

不爱用化妆品的女生没几个，但是不敢用的却大有人在。其中有一部分女生就是因为脸上的毛孔大，皮肤不好，用化妆品又不好清理，怕堵塞了毛孔，让自己的脸蛋更受刺激，故而对化妆品一律说"No"，仅仅敢稍稍使用一点儿粉底液、打底霜，意思意思。

这是一个相当大的误区。要知道，现代的都市女孩，无论是学业还是工作，都面临着很大的压力，尤其是职场女孩整天不是对着电脑就是对着手机，皮肤长时间地遭受着辐射的荼毒，这要比化妆品的影响大得多。再加上熬夜、加班，逛街时碰到的汽车尾气，都是导致女孩皮肤越来越糟的元凶。这时候，涂一层"低危害"的隔离霜，比天天顶着高危险的素颜要安全得多。

如果想要让皮肤呼吸新鲜空气，那就在睡前洁面后，涂抹一些晚上专用的护肤晚霜吧！但如果要出门，还是化一点淡妆吧，这样有助于隔离外界的污染物，而且还会让你看起来更漂亮，注意女孩千万不要在化妆品上省钱，一定要选用信得过的高质量的品牌。

别化太浓的妆了。

第三误区：晚上不洗脸

有些女孩晚上没有洗脸的习惯，这种习惯是非常不好的。可能你有很多理由，比如晚上加班太晚，很累很困，回到家直接倒床就睡；或者还要烧热水，怕麻烦，一时偷懒，也就把洗脸这事忽略过去了；或者是担心晚上用冷水洗脸，洗完不困了，影响睡眠质量。

上面都不是你晚上不洗脸的借口，而且你要知道白天忙碌了一天，也四处跑了一天，你的脸上不知沾了多少有毒物质，如果晚上再不洗脸的话，不仅皮肤排不出有害物质，更为重要的是你脸上的有毒物质还会被皮肤吸收到，甚至会把皮肤新陈代谢的道路给堵上，该出来的没出来，不该进去的又进去了，长期如此，你的皮肤能好得了吗？

为了粉嫩的小脸蛋，哪怕再晚再累也别省略了洗脸这道程序，也就五六分钟的事儿，坚持住你就取得了胜利。

第四误区：日常护理不用做，临时抱佛脚就能解决

很多懒女孩平时并不注重肌肤的护理，认为如有约会或者参加宴会、聚会前一两天做一下护理，当天再画一个精致的妆面，就能让自己完美登场了。还有的女孩自认肤质不错，平时根本就不需要多此一举地去打理。当然，也少不了这样一群女孩，认为只要正确洗脸以及按时洗脸，没必要天天做这样那样的护理。

的确，肌肤护理没必要天天做，做得太多太勤，皮肤也会被"溺爱"出问题来。但隔三差五地做一次却并不为过，比如一周做一两次面膜、去角质、按摩等，还是不错的。所以，现在开始，赶快抛去那身懒骨头，好好地打理你的肌肤吧！

缩小毛孔独门秘籍，开始修炼吧

为了关上毛孔的大门，做个"零"毛孔美人，掌握一定的缩小毛孔的技能则是必须的，如果到现在你还不知道该怎么做？那么，就试着修炼下面所传授的缩小毛孔的独门秘籍吧，说不定你会得到意想不到的收获！

每天都要执行的完美教程

1.准备好干毛巾、爽肤水和润肤乳，将毛巾弄湿，把这些东西处理好放入冰箱中冰着。

2.接着开始洗脸，注意要根据自身肤质的不同完成这个步骤。干肌女孩早上用清水洗，晚上用点洗面奶洁面；油肌女孩一定要记得早晚都要用洗面奶洁面；T型区油腻混合肌女孩，早上在T字区用洗面奶洁面，晚上全脸都要用洗面奶洁面。洗脸时注意要彻底洗干净了，尤其不要放过额头、鬓角和下巴等死角部位。另外，还要注意用到洗面奶洁面时，要用大约40℃的热水洗，洗完后还要再用凉水收缩毛孔。

冷毛巾敷脸。

3.洗完脸后，从冰箱中取出冷毛巾敷脸，注意油腻的位置要多敷一会儿，干性皮肤的则敷一两分钟就可以了。

4.拍爽肤水，先拍油腻的地方，再拍其他的，注意死角部位！然后再把冰箱里的乳液拿出来在脸上涂好抹匀。也可以买一瓶专门的收缩毛孔的精华素，适当涂抹一点儿，也具有很好的控油效果。

如果能坚持这套护肤流程一段时间，你的毛孔就会变得越来越小，甚至会完全看不出来。而且这个过程也不是很麻烦，即使天天做也是可行的，所以别再犹豫了，今天就开始执行吧！

日常护理，为美丽加分

● 贴面膜：贴面膜虽然看起来简单，但操作起来却有很多细节需要多加注意。首先要选择适合自己肤质的面膜。其次，根据肤质要把握好贴面膜的频率，可以一天一次，也可以一周两次。另外，如果自己在家做面膜，要使用纯净水做，并注意用料的卫生和安全。

没事贴贴面膜吧！

● 去角质：先用40℃以上的温水洗脸，舒张毛孔，注意不要用冷水，以免毛孔关闭，毛孔堆积物无法排出。接着把去角质的膏体均匀涂在脸上，然后在脸上大圈按摩，一会儿角质就没了，而且还能防止痘痘、黑头的产生，做完之后，用温水把脸洗干净，最后用热毛巾敷脸约3分钟。可一星期做一次。

♥ 做按摩：取适量按摩膏，均匀涂抹在脸上，涂抹与按摩的顺序：从额头由左向右画圈，脸颊向上打圈，鼻子上下运动，下颌从中间向耳边打圈。用指腹摩擦脸部的每一寸肌肤，约15分钟，黑头角栓就会被按出来，而且还能促进脸部的血液循环和新陈代谢。按摩结束后，用洗面奶洁面。（见下图）

▲ 额头从左至右打圈　　▲ 脸颊向上打圈　　▲ 鼻子上下运动　　▲ 下颌从中间向耳边打圈

♥ 生活规律：缩小毛孔要由内而外从根部开始，有规律的生活是避免毛孔粗大的一个关键因素，比如不熬夜，早睡早起，不长时间对着电脑，清淡饮食，不吃油腻食物，一日三餐定时定量……只要能做到这些，肌肤就会正常新陈代谢，毛孔就不会被堵塞了。

♥ 不浓妆，不素颜：保持得体的妆容是对别人的一种尊重，但也不要化太厚太浓的妆，否则会让皮肤无法呼吸，也容易堵塞毛孔。当然前面也讲过，外出时也不要素颜，否则也会损伤皮肤，可涂一层淡淡的隔离霜，阻隔外界的污染物。

♥ 试试独门偏方：吃完西瓜、柠檬后，皮不要扔，它们都含有较多的维生素C，具有很好的收缩毛孔、抗老化的功效。或者吃栗子时，将它内核外的那一小层膜皮保留下来，捣碎加入蜂蜜，做成面膜，能让脸变得更光滑，更有弹性。如果肌肤是油性的，洗脸时在清水中滴入几滴柠檬汁，能够很好地去除脸上的油脂，但要注意浓度不要太高。

现在介绍了这么多"零"毛孔招数，也许不一定完全适用于你，但总有一个招数是对你有效的。正为粗大毛孔而烦恼的你，先来尝试一下吧，说不定真的就能让你摆脱"小橘子"的身份呢！如果长期坚持，细腻的肌肤就会属于你，即使你的男朋友拿着放大镜照，也不一定能看到毛孔呢！

还你秀发飘飘，让你抛却三千烦恼丝

"青丝系君心，绕指盼归来"，你也想让自己的秀发拥有这样的魔力吗？那就别再犹豫了，坚持修炼这一节所授的课程吧！

——这一课你要牢记的谏言

我有一头长发，并为这一头长发而骄傲！

但当发型师给我理发时，却拉着我的头发说：瞧！你的头发不仅干燥、打结、有分叉，还有很多头皮屑……

我引以为傲的头发被批得如此糟糕，令我非常不开心，并对自己的头发充满担忧，含泪向他求助！

他摸着我的发丝说：不必担心，现在好好保养，还来得及！

秀发是女人最自然也是最重要的一个外表"装饰"，如果将你的脸比作是一张相片的话，那么你的秀发就是相框，"相框"漂亮绝对会给脸蛋加分哦！更何况拥有一头漂亮的青丝也是很多女孩的梦想，想象一下，一个女孩漂亮地一甩头，回眸一笑，那是多么迷人的场景啊！如果你也想有这样的魅力，受到异性的青睐，那就检查下自己的头发是否能牵绊住男孩的心吧！是不是有头屑？是不是有油腻，是不是干枯分叉？如果你倒霉地惹上这些麻烦，也不要郁闷，现在，我就来告诉大家获得丝滑秀发的秘籍，一起来学习吧！

头发有问题，找出原因在哪里

头发是人体的一种特殊组织，有比较强的遗传性。头发的发质大部分自出生就已经决定了。你知道自己的头发是什么发质吗？是干性的还是油性的？是细丝的还是粗线的？是天然卷还是自然直？弄懂了这些，再看看现在你的头发成了什么样子，你就知道问题出在哪里了。

先确定自己是什么发质

干性发质的女孩头皮油脂分泌较少，发丝没有足够的油脂保护和滋润，看起来就会比较干枯。夏天天干物燥，空气水分少，导致头皮更加缺失水分，再加上烈日当空照，头皮得不到充分保护，不仅让头发更加干燥，而且很容易产生头皮屑。

油性发质形成的原因有很多，但是根本原因在于头皮分泌油脂太多，这一点刚好和干性发质相反。即使有油脂保护着头发，让头发不易受到紫外线的照射，但是由于夏天特别热，头皮会不断地出汗，头发随之也总是油油的，显得脏兮兮的，甚至会一绺一绺的，特别丑。

中性头发是最好打理的头发，也可以说是女孩都想要的头发。头皮油脂分泌也刚刚好，只要选择合适的洗发水和护发素，很容易就能获得一头完美的青丝。

细丝头发比较纤细，在梳理过程中很容易扯断，因此在打理时需要特别小心谨慎；粗线头发相对好打理一些，不过晚上睡觉的时候，要保护好头发，避免把头发睡变形，否则第二天将很难恢复。

卷曲和直发是遗传基因的不同而导致的，卷发打理起来比较麻烦，经常做直板烫的女孩，平时要注意头发的护理。

了解发质，
对症打理。

别做这些虐待发丝的事情

了解完发质，现在就说一下会对头发造成损害的几个做法，仔细看好，注意对照，平时尽可能规避这些做法。

♥ 烫染。这是最常见的损害头发的方式。女孩为了漂亮选择烫染是常有的事情，但是要注意烫染的频率不要太高，每次烫染之后，最好在定型结束后进行一次专业修复，这样会对修复头发起较大作用。

♥ 洗发水或护发素使用不当。千万不要使用劣质或者不适合自己的洗发水、护发素，去选购洗发水、护发素时，不要贪小便宜，如果没有质量保证，即使白送也不能要。出去旅行时，旅店或者酒店所提供的一次性洗发水，即使不算劣质，也可能会和自己的需要有出入，最好不要使用，如果方便还是带上自己的吧！

♥ 洗完头发即用电吹风。洗完头发之后如果没有涂上免洗护发素就用电吹风吹头发的话，头发就会很容易发干，用热风比用冷风吹头发损伤更严重，因此建议大家最好不要使用电吹风，自然风干就好。如果因着急外出或睡觉而不得不使用电吹风的话，最好在吹之前先涂上一层修复蜜或者是免洗护发素。

别洗完头就吹干。

♥ 不经常洗头发。你洗头发的频率是多少？一周两次？两天一次？还是每天一次？这要由你的发质来决定，如果是干性或中性的发质，建议每周洗4～7次。如果是油性头发，头皮中很容易累积较多的油脂，平时要注意及时清理干净，否则时间长了的话会造成头皮屑等问题，甚至会产生异味，建议每天都要洗头。

♥ 夏天出门不打太阳伞。太阳不仅会晒黑你娇嫩的皮肤，还会晒伤你的头发，尤其是夏天，紫外线比较充足，所以外出时带把太阳伞还是很重要的。说实话，太阳伞可比任何护肤品和润发素要管用得多。

正确洗头，你会不会

上面所说的麻烦事，不管你有没有遇到，掌握正确的洗头方法却是女孩们应学习的最基本的技能。如果你能够洗头洗到位，就会对各种原因导致的发质受损具有很好的修复效果。怎样洗头发才是正确的呢？

1.洗头前先梳通头发，别让头发打结在一起，接着把头发放入温水中，打湿所有的头发，再把洗发露倒在手上，用双手揉出泡沫来，然后将其揉在头发上。洗的时候，轻轻按摩头皮，可以促使头部血液循环，注意不要用力挠头，否则会引起皮屑，甚至损伤头皮。按摩揉搓头发5分钟后，用温水冲洗掉洗发露，注意一定要冲洗干净，不要把洗发露残留在头上。（见下页图①）

2.洗完头发之后，一定要记得涂抹润发乳或护发素，先把润发素抹在头发上，然后动作轻柔地揉搓头发，让润发素完全浸透到头发中去，这样1～2分钟后，第一步就完成了。如果发质比较差，可以进行第二遍的润发。做完之后，用水把润发素彻底洗净。（见下图②）

3.用温水冲净头发后，先用干毛巾把水分擦掉，然后选用电吹风或者自然风干，最好涂上免洗护发素。用电吹风的话，建议把头皮处吹干即可，发身和发尾自然风干就好。（见下图③④）

⬟ 按摩头皮和头发　⬟ 涂抹护发素　⬟ 擦干头发　⬟ 吹干头皮

以上方法虽然看起来简单，但是一定要注意细节，否则即使你的洗发流程和大家做的都一样，仍难获得想要的效果，甚至会越洗越糟糕！

养护头发，从日常点滴做起

养护头发不只是洗洗头、抹抹护发素那么简单，还要从日常生活中的点点滴滴做起，让你的秀发无时无刻都处在被呵护中。

外出戴帽子能保护头皮不被晒伤。

抗击阳光伤害，阻隔紫外线

1.控制晒太阳的时间，尽量避免被太阳光直射，出行时间要避开最热的时候。一般上午十点之前和下午四点之后适合出行。

2.做好保护措施，选择好的太阳帽，或者带一把合乎国家防晒系数规定的太阳伞，避免阳光强吻你的秀发！

3.免洗护发素之类的头发保养品要多加涂抹，不要怕麻烦，或者喷上一些保湿啫喱水也可以，它们可以让你的秀发更有光泽，水分持久滋润。

4.游泳时别光顾着自己开心而忘记护发，下水前先抹上一层防水护发素或抗紫外线的发胶，也可以涂上具有防晒功能的护发素。这样就可以避免游泳池里的消毒水荼毒你的秀发了。游泳完要彻底地洗一遍头发，去掉从游泳池里带出来的消毒水等有害物质，如果不及时清除这些物质，遇到太阳之后会让你的秀发受到比较严重的伤害。

吃好睡好，秀发才好

头发毕竟是人身体的一部分组织，所以和人的体质密不可分。吃好睡好，既能让人精神百倍，又能使头发自然润泽，飘逸柔顺。

不过，吃也是有讲究的。一般来说，发质比较纤细，或者有白头发的女孩，可以多吃一些黑色食物，比如黑米、黑木耳、黑芝麻、黑豆等。可以经常用这些食材做一些美味佳肴，会让你的头发变得更黑，更有光泽。

黑芝麻

黑米

黑木耳

黑豆

多吃黑色食物会让头发更黑亮。

对于油性发质的女孩，建议尽量少吃或不吃油腻食物，否则会让你的头发越来越油腻。可多吃清淡一些的食物，尤其要经常食用蔬菜水果，这样对头发大有益处。

睡眠方面注意有规律性，最佳睡眠时间是从晚上的十点到早上的六点。经常熬夜，或者睡眠没有规律的人，会出现少白头、脱发、发质变干等状况。如果你以前不曾注意到生活起居有规律对头发的重要性，那么现在开始就要多加注意了，按时睡觉、早睡早起，既可以把头发养过来，又能让整个身体情况好很多。夜猫族女孩赶快调整好自己的生物钟吧，否则你就只能准备好哀悼你即将逝去的秀发了。

 人气女孩要点温习

1.明确自己的发质，根据自己的发质采取针对性的护发措施。

2.坚决不做可能会伤害到头发的事情，让头发时刻处在安全范围内。

3.掌握基本的洗头技巧，采用正确的洗头方法，这件事情非常重要，应引起重视。

4.在日常生活中注意秀发的护理，尤其是要从细节上注意头发的养护。

按按头皮，为秀发培植肥沃基地 ❤

头部有很多人体非常重要的穴位，比如百会、玉枕、脑户等。如果能对这些穴位加以适当刺激，不仅能舒筋通络，增强体质，防止神经衰弱、失眠等问题，更重要的是对头发的滋养也很有好处。下面就教大家一些头皮按摩的方法。

按摩前先涂按摩素，给头发提供充足粮草

◀ 首先选择对头发有滋养功效的按摩素，均匀涂抹在头皮上，注意要让头皮发根部能够充分接触到按摩素。为了让整个按摩过程更加顺利地进行，在头顶的部位和靠近耳际皮肤的位置应多放一些护发素或者精华液。

◀ 用手轻轻地按摩头部两侧，让按摩素和精华液都能够充分渗入头皮。

全方位做头部按摩，不放过边边角角

🔺 将双手交叉放在头顶，用手掌轻轻按压头顶，这样坚持3秒钟不要松开，然后两手放开休息一下；依次重复按摩5次。

🔺 两手用手指指肚从眉峰部位开始以画锯齿形的方法向上进行按摩。

🔺 侧头部的按摩也不要忽视，用双手指腹从上到下慢慢按摩头部两侧，每次重复3～5次。

第11课
芬芳精油，
慢慢享受大自然的恩泽

不要为了了美而拿自己的健康作为交换！要知道，健康美才是成为人气少女基本中的基本！

——这一课你要牢记的谏言

你是否也想像香妃一样玉体含香，吸引男孩子的鼻子靠你越来越近呢？课业的繁重、工作的繁忙，是不是让你疲于应付，每天都疲惫不堪？是不是有人反映你身上有一股什么味道，你自己似乎也有这种感觉，让自己很不舒服，也让周围的人对你敬而远之……想解决以上问题吗？很简单，只需要借助一种道具即可，那就是精油。它是大自然的精华，是植物的精灵，更是女孩变香必不可少的魔法神水，会制造出各种令人陶醉的味道，稍加运用就能让你遍体生香。现在，你是不是也迫不及待地想要奔向精油铺就的芳香小路上了呢？别急，今天的精油课程将会一圆你的香梦。

精油知多少，解开香氛密码 ♥

也许你从来没有用过精油，也许你用香水的概率比精油要高出很多，但不可否认，精油比香水要更有价值一些，它不仅能生香，而且还是美肤的好手。对于精油菜鸟们，不要急于使用，先了解一下有关精油的基本常识吧！

精油的来源

精油是从芳香植物的花、叶、根、皮、茎、枝、果实、种子等部分，采取蒸馏、压榨、萃取、吸附等方法制得的具有特殊香气的油状物质。它们是许多化合物的混合物，主要有萜烯烃类、芳香烃类、醇类、醛类、酮类、醚类、酯类和酚类等。由此可以看出，精油因为化学特性，所以挥发性会很强，而且只有特别的植物能产生精油。

了解精油很重要。

精油的名称

精油有很多种，每种精油都是植物的精华，自然有不同的特性。如今比较常见的精油有玫瑰精油、茶树精油、柠檬精油、薰衣草精油、佛手柑精油、洋甘菊精油和伊兰精油等。在市面上最常见的是茶树精油、玫瑰精油、柠檬精油、薰衣草精油等。

精油的分类

精油分为单方精油和复方精油。这个概念很好理解，单方精油就是一种精油，复方精油则是不超过五种精油混合在一起的一种精油。

一般来说，单方精油主要是一种个人爱好的展现，对精油有兴趣的女孩，会买来几款单方精油，根据功效的不同，在一些如洗发水、洗澡水、沐浴露中添加一两滴，会出现神奇的效果，完成超水平的生活体验。但值得注意的是，单方精油不能直接接触皮肤，否则容易被灼伤。

而复方精油的针对性则比较强，是为了解决某种问题，按一定比例调配的。在市场上网罗搜索一番，你会发现一些功效神奇的精油，比如说减肥、丰胸等等，这些精油就属于复方精油。

选定属于自己的那一款 ♥

可以说，精油是植物的小精灵。这些精灵给植物带来了独特的芬芳，也给这个世界带来了一份特别的礼物。所以说，精油是有生命有灵魂的，它的灵魂，就是它的香味。让我们一起走进精油们的故事，感受它们奇特的功效吧！

玫瑰精油：痛经女孩

玫瑰精油是一种琥珀黄色的液体，味道浓郁。玫瑰的最大功效就是能够美白，还是嫩白的那一种。作为香料来说，玫瑰精油的香气馥郁，会让你有一种被爱情包围的感觉，并且玫瑰精油是子宫的补药，如果女孩痛经太难受的话，可以把玫瑰精油稀释后涂在腰上，能够帮助缓解疼痛，让每月的那几天不再经受折磨！

玫瑰精油可缓解痛经。

茶树精油：异味女孩

茶树油有一种消毒水的味道，可能很多女孩都不太喜欢。但也正因为这种特别的味道，使用后却会让你有种清新清爽的感觉，而且不同的用法，会体现不同的神奇功效。

1.女孩们在洗内衣裤的时候，滴上一滴，可比垫护垫好处大哦！

2.香薰炉里边滴一滴，点上蜡烛，会有很温暖的感觉，能够让你放松身心，舒适惬意。

3.洗发的时候，用上一滴茶树精油，对头皮屑有很好的治疗效果，而且洗完之后，发香也让人称道！

4.居家外出旅游也可以备上，可以驱虫，据说还可以去除晦气，让运气更好。

5.滴两滴在鞋子里，或者滴在洗脚水里，可以解决脚气问题，不仅让脚变得不再臭，而且还会香香的！

薰衣草精油：失眠女孩

薰衣草算是香料界的元老了。不论是风干的薰衣草还是薰衣草的熏香，或者精油，都是人们比较熟悉的味道。薰衣草最大的功效是催眠，而且催眠效果不是一般的好。另外，薰衣草的味道，可以舒缓神经，抚慰难以平静的心情。当然，神奇的薰衣草可不仅仅就这些功能：

1.薰衣草既能解毒还能驱虫，对治疗蚊虫叮咬有比较好的效果。如果皮肤被蚊子叮咬了，可以适当涂上一点薰衣草精油，不仅能够让疙瘩快速消退，还能预防蚊虫再次骚扰。

2.薰衣草也是治疗割

破、磨破、烫伤的好帮手。不论是在家不小心把手指割破，还是被烫伤，涂上一点稀释过的薰衣草精油，能够缓和疼痛。建议在家可以用5%～10%的薰衣草按摩油，处理伤口，缓解疼痛。另外，如果发生一些擦伤或者皮肤发肿发红的现象，也可以用薰衣草精油进行处理。

薰衣草精油有助催眠。

佛手柑精油：油腻女孩

佛手柑的气味有点像橘子，带着一股浓郁的香甜果味，用佛手柑洗澡，可以保持皮肤滋润，而且在泡浴时，整个浴室都弥漫着那种大自然的味道，身临其中让人神清气爽。也可以将其加入到洗发水里，或者自己DIY一款佛手柑洗发精，比如取几滴佛手柑、柠檬、伊兰等精油，兑入洗发精中，注意浓度控制在1%～3%。这样一款洗发精可以说不输任何一个大牌子，对头皮头发具有很强的控油去油腻效果，只是在使用时有轻微的刺感，味道也不是很好，但看在它化腐朽为神奇的份上，偶尔尝试一下吧。

洋甘菊精油：过敏女孩

洋甘菊的特殊成分有抗过敏的功效，特别是对皮肤的抗过敏性效果极佳。如果你的皮肤不大好，容易在秋天起皮、发红，可以使用洋甘菊精油配上护肤品，调和之后涂在患处。据说洋甘菊还有治疗慢性疼痛的作用，比如说牙疼、腮帮子疼等，抹在外表皮，能够减少痛楚。洋甘菊的使用和佛手柑一样，并不需要太多的量，一则可能因为贵，二则这种味道，一般人不怎么喜欢，因此算不上太大众的精油品种。

橙花精油、柠檬精油：昏沉女孩

很多女孩都比较喜欢柠檬的味道，那种阳光上进的女孩更是将其视为最爱。柠檬的气味可以提神醒脑，让人耳聪目明，提高工作效率。可能对于有些人来说，柠檬的气味太过于刺鼻了，不怎么会选择，但你可以不直接使用，而是等稀释之后再使用。

橙花精油的味道比较特殊，味道有一种魅惑人心的感觉。橙花的味道是需要细细品味的，和柠檬是两个极端。不过两个品种相似的地方是，橙花也有提神的作用，可以把几滴橙花精油加入晚霜里，晚上涂抹后第二天会发现气色很好，甚至比洗过脸之后的气色还要好。

选择适合自己的精油。

巧妙使用，让精油唤醒身体的激情 ♥

读到这里，你是不是已经对精油有了一定的认识，也找到了适合自己的那一款精油？那么接下来你还要好好学习一下精油的独特使用方法，来最大化地强化精油的功能，唤醒身体深处的火热激情。

精油按摩，释放肌肤压力

精油按摩是指用基础油和精油调配而成的按摩油，涂抹在要按摩的部位上，然后用指腹螺旋式或直线式按摩，通过按摩加速皮肤细胞吸收精油中的营养成分，这些营养成分随之就会进入血管随着血液运送到全身各处组织中。不仅如此，精油的香气通过嗅觉，还会进入大脑中，让大脑产生愉悦感，从而帮助释放不良情绪，舒缓全身压力。另外，通过按摩还能促进血液循环，缓解肌肉紧张。

按摩要用复方精油。

因此，当感觉疲惫的时候，可以取适量复方精油涂抹在肌肤上，进行按摩，那么你的疲劳感就会立马消失。具体按摩方法和步骤如下：

1.取适量精油，注意控制精油的用量一次不可太多，否则反而不利于肌肤吸收，以精油抹开后没有流油为宜，如果按摩一会儿感觉有些干或不够了，可以继续添加。一般精油用量，建议额头1滴，脸颊各1～2滴，鼻尖和下巴加起来1滴。

2.不同的部位按摩手法要略有不同，按摩眼袋处时，可从内眼角向外眼角方向一下一下地按摩，注意不要来回按摩，也不要太过用力，以不牵动眼底皮肤为宜。

3.按摩完后不要急于清理多余的油分，让皮肤吸收一会儿精油的营养，然后再用纸巾擦干净，或者用洗面奶将其彻底洗掉，再轻轻擦拭一层最清淡的护肤霜，然后用指腹轻轻拍打一会儿皮肤，以便眼霜中的养分被眼底肌肤完全吸收。

但在用精油按摩时，还需要注意一下问题：

人气专栏要点温习

1.充分了解精油，才能选对精油，根据自己的特质选择合适的精油。

2.按不同的方式使用精油，会得到不同的效果，根据自己的需要选择适宜的方式。

1.初次使用精油按摩时，用量要减半，以防过敏。这里所说的量是精油量，一般10毫升基础油里精油的量不要超过4滴。调和用的基础油以最清淡的葡萄籽油为佳。

2.按摩用的精油一般也具有一定的护肤作用，因此与其他护肤品不会产生冲突，二者同时使用也没有关系。

3.如果是要解决某种肌肤问题，可天天使用同一配方，但要注意使用一周后要逐渐降低使用频率，先从天天一次，改成三天一次，接着再一周一次，直至见效后即可停止使用了。

4.不同的复方精油其功效是不一样的，有的能保湿，有的能美白，有的能抗氧化……注意这些复方精油不能再混合使用了，即使是同样功效的配方也不能混合在一起使用，必须严格按照每个配方的使用方法单独使用。

5.有些精油可能具有一定的光毒性，即见到太阳及强光就会产生毒物，所以为了安全起见，建议最好在晚上或者光线暗的地方进行按摩。

口服精油，体验不一样的味道

精油有十八种可以口服，对于口服的精油一定要在确定的情况下才能服用，并且绝对不可以直接服用，要调配到酸奶、果汁、蜂蜜中喝，而且不能空腹喝。对于喝精油来说，时间上还有讲究，例如早上7点到9点，是服用柠檬精油的最佳时间，柠檬在体内发挥作用，能促进食欲，锁住钙质；下午两三点钟可以喝葡萄柚精油，能起到利尿、减肥的效果；晚上7点到9点适合喝玫瑰精油，能帮助调节一天的代谢和微循环，提高睡眠质量。

精油沐浴，放松身体

通常复方精油是用来做身体按摩的，单方精油则常用于沐浴。因为直接使用单方精油涂抹身体有害健康，所以如果要按摩用的话，建议选择复方精油。

市面上的精油大多都是单方精油，如果要购买复方精油，建议去美容机构中购买。如果你不懂精油调配的话，最好不要随便调配，尽可能让专业人士按照比例把单方精油调配成复方精油。

还有，在家做芳香沐浴的次数不要太多，最好根据自身的情况，一周1～2次，水温要适宜，并且不要泡太长时间，一般15～20分钟即可。此外，有严重的心脑血管疾病以及高血压的人不能这样子泡澡！不过年轻女孩们，则不必担心这个问题，因为这些中老年疾病应该还没有缠上你。

好了，介绍了这么多，该进入体验阶段了，你也去买一小瓶精油吧，用来熏香也好，沐浴也好，给自己一个高质量的美丽的时尚生活方式吧，相信尝试过精油之后，你一定会得到超凡的体验；如果你已经感受过精油的魅力，希望精油这一课，能让你更懂得这个大自然的"小精灵"！

让肌肤喝足养分。

第12课
护肤品自己做，
贫穷小女孩也能靓起来

无论你是穷女孩，还是富女孩，根据自己的需要量身打造特效护肤品，那么你的付出就能得到相应的回报。

——这一课你要牢记的谏言

我还是一名大学生，花钱还要向父母伸手要！

但爱美之心，人皆有之，我们都希望能够拥有嫩滑的肌肤。

我的闺蜜只是新晋职员，所得工资只能勉强维持自己的生活！

怎样才能不花钱，又能拥有很好的护肤品呢？

我们都是没有什么钱的贫民女孩！

我的闺蜜告诉我，我们完全可以用家常食材自己做护肤品，效果照样超级棒！

护肤品对于女孩子们来说，其重要性甚至不亚于吃饭，有的女孩甚至认为一顿饭不吃可以，但一天不用护肤品，就会感到整天都不舒服。但对于没有生产能力的学生妹和初入职场的小菜妹来说，实在没有那个经济实力购买那些昂贵的大品牌，而一些便宜的护肤品没质量保障，不敢冒然拿自己的脸做实验，以免稍微倒霉一点落个毁容的下场。但对于贫穷小女孩来说，也不能因此委屈了自己那张脸，那么，咱就开辟一条非同寻常的路吧，自己动手，用家常小食材、小材料，DIY出功效堪比大品牌的护肤品，同样能让你的那张脸焕发出青春无敌的光彩来。还等什么，赶快行动吧！

不可错过的高品质护肤材料

材料	美肌功效	美肌叮咛
黄瓜	黄瓜多汁且富含维生素和生物活性酶，能补水保湿，有效对抗皮肤老化，减少皱纹，使皮肤水嫩亮白。 黄瓜还富含纤维素，可促进人体肠道内腐败物质的排出，让肌肤免受毒素的侵害。	■ 注意要选用较嫩的黄瓜，不要去皮去籽，因为皮和籽里含有丰富的维生素，是护肤佳品。 ■ 制作时，可以将黄瓜先切碎，再用纱布挤成汁，与其他材料一起制作成面膜，也可以直接切薄片覆盖在脸上，都具有滋润肌肤的效果。
西红柿	西红柿中含有天然抗菌消炎的碱性成分，有天然的洁肤作用，能够清理血液中的毒素，促进肌肤排毒。 西红柿中还富含茄红素，它是一种超强的抗氧化元素，能够帮助对付光敏化自由基，可防止晒黑，修复紫外线造成的伤害。 西红柿含有丰富的维生素C，并蕴含丰富的果酸，能有效去除面部角质，并具有很好的美白功效。	■ 注意不要调牛奶进去，西红柿中的果酸会使牛奶凝结。 ■ 西红柿浓度不宜过大，不然皮肤会有刺痛的感觉。 ■ 与杏仁粉配合制作成面膜，既可美白滋润肌肤，又能补充水分。 ■ 懒女孩可以直接将西红柿切成薄片，贴在脸上20分钟；或者每日喝1杯西红柿汁或经常食用西红柿，同样能够滋润皮肤、防治雀斑。
大蒜	大蒜中的有效成分具有亲脂性的特点，能加快皮肤细胞以新换旧的速度，也能与B族维生素和维生素C结合，供应给皮肤充足的营养，令肌肤光滑有弹性。同时大蒜还可杀菌，能够抑制和抗杀多种致病菌，可防痘祛痘。	可以准备泡发面膜，将其放入大蒜水中浸泡，然后，把做好的面膜涂在泡发面膜上，贴在脸上，这样做的效果更持久、嫩滑。

材料	美肌功效	美肌叮咛
丝瓜	丝瓜中的皂苷能提高细胞活性，抗菌消炎，去除皮肤上的粉刺和黑头，加速伤口愈合。 丝瓜中的钾元素既能保湿又有润滑作用，呵护皲裂、粗糙起皮的皮肤。 丝瓜中还富含维生素、甘露聚糖、半乳聚糖、木糖胶等，其中的糖类和植物黏液，可以维持角质层的正常含水量，延长水合作用，舒缓干燥紧绷的肌肤，减少皱纹，使皮肤水嫩，富有弹性。	■ 在刮去丝瓜皮时，丝瓜渗出的汁液具有很好的祛痘功效。 ■ 丝瓜汁可以直接用作护肤品，有很好的柔嫩肌肤的效果。
豆腐	豆腐富含植物性蛋白、维生素B_1、维生素B_2、维生素E、盐酸及钙、铁、镁等多种有益物质，能有效滋养肌肤，使肌肤美白细嫩。豆腐还富含大豆异黄酮，其功效与雌激素相似，能抵抗肌肤氧化，延缓衰老，还能为肌肤补水，令肌肤白皙、细致、水嫩。另外，豆腐中还含富含卵磷脂，能抗氧化，阻止皮肤变黑，淡化色斑。	■ 豆腐分为南豆腐和北豆腐，取区别是：南豆腐色泽白，非常嫩，是用石膏作为凝固剂的；而北豆腐则相对发黄，比较老，是用盐卤作为凝固剂的。 ■ 懒女孩可将豆腐在手心轻轻搓揉后直接敷在脸上，效果也不错。
酸奶	酸奶含糖量低，保存了牛奶中的所有营养成分，且容易被肌肤吸收利用，不含任何有害成分，属于纯天然营养护肤品，具有高效的美容功效。 酸奶含有乳酸菌，又含有蛋白酶，有保湿功效，能使皮肤滋润细腻，还能去角质，让肌肤迅速恢复光泽、嫩滑，也能阻碍络氨酸酶被激活，从而抑制黑色素细胞生成，减少色斑的形成。	■ 在做酸奶面膜前，需要做皮肤测试，做完皮肤测试没有异常反应后再用。 ■ 为了使酸奶中的乳酸菌发挥最好的效用，在做面膜前，务必使酸奶放置在温暖的环境中，使酸奶中的乳酸菌恢复活性。 ■ 全脂酸奶要比低脂酸奶或脱脂酸奶的养颜功效好很多，所以最好选择全脂酸奶。 ■ 肌肤出油多的美眉，最好使用原味酸奶。
鸡蛋	蛋黄中含有卵磷脂，卵磷脂是肤色暗沉和青春痘的克星，能使脂类物质和水结合在一起，然后把它们分解成小颗粒，从而清除容易造成堵塞的毒素。卵磷脂还能让肌肤得到更多的氧和水，是天然的肌肤守卫者。 蛋清具有收缩毛孔的功效，使肌肤细滑紧致、充满弹性。	分离蛋黄和蛋清时，用筷子或粗针在蛋壳两端各扎一个小孔，蛋清便会自然流出。

材料	美肌功效	美肌叮咛
芦荟	芦荟中含有许多能抑制体内脂质过氧化作用的脂氧化酶类化物，可以改善皮肤的血流供应和微循环，激发上皮细胞新陈代谢的活力，使肌肤紧致、有弹性。 芦荟中还含有皂素苷、多种氨基酸和矿物质，具有良好的抗菌、清洁、保湿功效，是消炎、美白肌肤的美容佳品。	■ 有伤口或痘痘的肌肤不宜使用芦荟。 ■ 有些人对芦荟皮有过敏反应，在制作护肤品时，最好先将芦荟去皮，以免引起不适。 ■ 可用芦荟制作浴液，取2~3片芦荟叶，以擦菜板磨成浆状，装进纱布袋中，放进浴缸内。在热水中，芦荟的有效成分会全部溶于水中，容易被皮肤吸收，使粗糙的皮肤变得白嫩无瑕。
苹果	苹果富含粗纤维，可以促进肠胃蠕动，协助人体顺利排出废物，减少有害物质对皮肤的危害。 苹果中含有大量的镁、硫、铁、铜、碘、锰、锌等微量元素，可以使皮肤细腻、润滑、红润有光泽。 苹果富含大量水分和各种保湿因子，有滋养、收敛、保湿功效，是对抗皱纹的首选水果。 苹果富含类黄酮素和单宁酸，能协助肌肤抗氧化，排除肌肤毒素。	苹果最好切开马上就做，时间长了会氧化变黑。
绿豆	绿豆粉可清热降火气，同时其颗粒能深入到毛孔中，能深层清洁肌肤，软化肌肤角质层，去除肌肤的老废角质，同时还能够预防青春痘产生。	■ 搅拌时，要注意做到浓稠厚实，以免涂抹到脸上以后因过稀而流得到处都是。 ■ 购买做面膜的绿豆粉时，最好选择颜色偏绿的绿豆粉，因为这种多半含有绿豆皮，而绿豆皮的排毒消肿功效比去壳绿豆要强很多。
蜂蜜	蜂蜜中含有葡萄糖、果糖、蛋白质、氨基酸、维生素、矿物质等营养成分，能直接作用于表皮和真皮，为细胞提供养分，促使它们生长，使肌肤排列紧密整齐且富有弹性，还可以有效减少皱纹。 同时蜂蜜还能促进皮肤新陈代谢，增强皮肤的活力和抗菌力，减少色素沉着，防止皮肤干燥，使肌肤柔软、洁白、细腻，并可减少皱纹和防治粉刺等皮肤疾患。	在购买蜂蜜时，可以用牙签搅起一些向外拉，好的蜂蜜往往可以拉出又细又透亮的"黄金丝"，有的甚至可以达到1尺而不断。

材料	美肌功效	美肌叮咛
红豆	红豆粉的细微颗粒可充分渗入毛孔，并清除毛孔内的污垢，如果配合按摩，能使肤色白里透红。	■ 红豆粉可以在超市购买。 ■ 角质层厚实的T区最适合敷用，不需洗面奶，单用温水洗净，就能彻底清除老废角质。
橄榄油	橄榄油富含维生素A、维生素D、维生素E、维生素K等，这些营养素都是易于被皮肤吸收的脂溶性维生素。 橄榄油的精华成分很容易溶解毛孔内的皮质污垢及油性彩妆，很纯净，无污染。	■ 在选购橄榄油时，要选择略呈绿色且颜色透明的橄榄油，打开盖子有淡淡果香飘出的才是上品。 ■ 混合性皮肤使用时最好避开鼻子周围油脂分泌旺盛的部位。
红糖	红糖中含有的叶酸和微量元素可以加速血液循环，增加血流量，刺激机体的造血功能，增加局部皮肤的营养、氧气和水分供应。 红糖中含有一种叫糖蜜的多糖，具有较强的解毒作用，能将过量的黑色素从真皮层中导出，通过全身的淋巴组织排出体外，从源头阻止黑色素形成。	由于红糖通常比较粗糙，不宜每天使用，尤其在脸上要谨慎使用，建议多用在手脚上或身体上。如果用到脸上，可选择细红糖，手法力度要轻柔小心。
珍珠粉	珍珠粉中含有20多种氨基酸，能促进表皮组织各种细胞的增殖、生长、分裂、敦促细胞吸收营养，并能最大限度地捕捉自由基，修复肌肤受损细胞，使皱纹减淡。 珍珠粉中的铜和锌能通过激发SOD的活性，达到清除自由基的作用，从而淡化色斑，增强细胞生命力，对抗衰老。	■ 在买珍珠粉时，一定要选粉质细腻的，颗粒大会堵塞毛孔。购买时，可以试着捏一下装有珍珠粉的袋子，如果是粉状物会很快散开而远离你施加压力的部位，这就证明它是粗质珍珠粉。 ■ 珍珠粉也可口服，具有美白嫩肤作用，但并非人人适用，珍珠粉属凉性，寒性体质者不宜长期服用。再加上珍珠粉里含有大量碳酸钙，结石患者也最好少用。
维生素E	维生素E具有全面、高效的抗氧化作用，能保护细胞免受自由基攻击，延缓肌肤衰老。 维生素E搭配维生素C使用，可增强美颜效果。 维生素E在夜晚能够发挥更大的功效，入睡前抹一些，可获得意想不到的美颜效果。	■ 面膜配合每天内服天然维生素E胶囊，效果更佳。 ■ 要注意维生素E的用量，一次不要用得太多，以免出现不适症状。 ■ 有些人在使用含维生素E的产品时会有过敏反应，如遇到此情形应及时停止用药。

黄瓜蜂蜜面膜

市场价 67元

【美肌功效】补充肌肤所需的水分和养分，使肌肤清洁、润白。

【适用肤质】干性皮肤

【制作方便度】★★★★☆

【媲美品牌】OLAY

【自制费用】5元

■ **材料**：新鲜黄瓜半根（约100克），蜂蜜1匙，奶粉2匙，风油精4～6滴。

■ **做法**：将黄瓜洗净，切成小块，用榨汁机榨汁备用。

2.加入蜂蜜、风油精和奶粉，调匀即可。

■ **用法**：洁面后，用热毛巾敷脸，再将面膜均匀敷在脸上，15～20分钟后用温水洗净。每周2～3次。

美丽提醒 1.密封后放入冰箱冷藏，可以保存5天左右。

2.如果厨房有做菜剩下的豆腐，将豆腐在手心搓揉后敷在脸上，效果也不错。

蛋黄精油保湿面膜

市场价 218元

【美肌功效】蛋黄、甜杏仁油、檀香精油对干性皮肤有滋润作用。

【适用肤质】干性皮肤

【制作方便度】★★★★☆

【媲美品牌】Avene（雅漾）

【自制费用】10元

■ **材料**：纸包鲜奶1盒，蛋黄1个，甜杏仁油10滴，檀香精油1滴（或玫瑰精油1滴）。

■ **做法**：将三者混合，打至起泡后敷面，15分钟后洗净。

■ **用法**：洁面后，取适量本款面膜均匀敷于脸上，敷约20分钟后，用清水洗净即可。每周1～2次。

海洋矿保湿水

市场价 120元

【美肌功效】具有很强的保湿功效，还能积极重建角质细胞，促进新陈代谢，以致肌肤水嫩紧实，富有弹性。

【适用肤质】干性皮肤

【制作方便度】★★★☆

【媲美品牌】欧莱雅

【自制费用】6元

■ **材料**：海洋深层矿泉水100毫升（其pH值在5.6～6.5之间为佳），橙花精油6滴，玫瑰精油4滴。

■ **做法**：将海洋深层矿泉水倒入干净的玻璃瓶内，加入两种精油，盖上瓶盖，上下摇匀即可。

■ **用法**：清洁肌肤（或敷面膜）后，将脸上水分擦干，再将化妆水摇均，均匀倒在化妆棉上，轻拍脸部肌肤，让肌肤完全吸收即可。

胖女孩也能成为超人气女孩哟

不管哪个女孩只要努力与肯于劳动都可以成为人气女孩！女孩都是未打磨的钻石原石！没有女孩是成不了人气女孩的！

——这一课你要牢记的谏言

90

胖女孩的爱情缘分似乎总是飘忽不定，甚至很遥远。当在某一天的某一个地方，遇到心仪的白马王子，往往会因为自己圆滚滚的身材，肉嘟嘟的脸蛋而将爱情吓跑，成为心中永远的痛和遗憾，呜呜……如果你也有着同样的烦恼，那就赶快行动起来吧，不要将自己变成爱情的绝缘体，要相信，胖女孩也是能够成为可爱的超人气女孩的！从现在开始抛去少女的烦恼，来一场奇迹变身大作战吧！

胖女孩必上的瘦身课程

首先你要参加瘦身课程，这是胖女孩们每天要上的必修课：

单腿侧踢，一起变成美腿人气女孩吧

去除小粗腿的话，单腿侧踢是不二选择，而且动作也很可爱，即使在人前做，也不会感到尴尬！下面就跟着我们的人气女主角一起来做吧！

◀ 自然站立，双脚并拢，双臂自然下垂于体侧，挺直腰身，目视正前方。

动作要点

挺直身体，把腿抬高。

◀ 吸气，左脚站立不动，右手臂和右腿同时向右侧抬起，尽量达到右腿和右臂与地面平行，脚尖尽可能向前伸展。注意腰身挺直，目视前方。

▶ 呼气，右臂和右腿同时落地，双脚并拢，恢复到起始姿势。

▶ 换左腿和左臂做第二步同样的动作。

瘦身效果

大幅收紧腿部脂肪，重塑腿部线条，同时还能甩掉手臂上的"蝴蝶袖"哟。

原地站立踮脚，塑造完美小腿肚

◀ 上身保持挺直，双脚并拢，做踮起脚跟再放下的运动，此动作重复5次。

◀ 然后做屈膝直立动作，此动作重复5次。

◤ 自然站立，双脚并拢，站直双腿，双手掐腰，挺直腰身，平视前方。

瘦身效果

拉长并缩紧小腿肚，让你的小腿肚紧实、有型且性感。

站立扭身操，水桶也能变杨柳

圆滚滚的水桶腰，是很多胖女孩最大的心病。为了让肉肉不那么明显，常常吸着肚子走路，这样不仅自己不舒服，而且在别人看来也怪怪的。那么就来学学缩腹操和侧弯操吧，坚持练习，你也可以和别人一样拥有妖娆的杨柳腰！

动作要点

转动时要保持骨盆及双腿的稳定，脚不要乱动。

◀ 自然站立，双脚张开，与肩同宽，双臂自然下垂于身体两侧，收缩小腹，膝盖略微弯曲，目视正前方。

◀ 以腰部带动身体，以自然律动做连续的左右扭腰转体运动。运动中，左右双臂自然甩动，甩到双手轻拍到对侧的臀部和髂骨，左右各转100次，一天可以多做几回。

瘦身效果

可锻炼腰腹部的肌肉，燃烧腰腹部的肌肉，帮助腹部排除毒素，消除因毒素堆积所致的腹部凸起。

踮脚举臂操，和蝴蝶袖说再见

当然，手臂上的蝴蝶袖也是剔除的要点，从现在开始，甩甩手臂吧！

瘦身效果

经常做此操可消灭上臂和腋下的脂肪，让上臂肌肉线条更结实。

◀ 十指相扣，双手翻转，掌心向上，然后伸直胳膊举起双手到头顶，双手尽力向上方延伸，保持食指紧扣。

◀ 踮起脚尖，将双手缓慢往上提，到极限位置后停住，并保持这个姿势持续10秒钟，同时调整呼吸。可重复做10次。

◀ 两脚并拢并直立站好，将两手自然下垂，双眼看向前方保持平视。

注意事项

刚进行练习时可能在踮起脚尖时会站不稳，多练习几次即可掌握平衡，在做第三步时，应根据自身的情况伸展背部肌肉，以免损伤身体。

整体曲线操，和肉丸子说Bye-Bye

局部的雕塑完成后，还要注意修正整体的感觉，如果整个人看起来不协调，就算局部再好看，也会影响观感，因此"整体曲线操"这一课程必不可少！

▶ 站立，双手自然放于体侧，目视前方，抬起左腿，向前水平踢去，膝盖朝外。双臂下转，将双手握拳后在胸前成交叉状，拳心向下，停留2～3秒。

经常练习此操不仅能塑造腿部线条，而且还能紧实双臂肌肉，消除"蝴蝶袖"，同时还能燃烧腹部的脂肪。

◀ 双手握成空心拳，大拇指尽量往上伸展，双臂保持水平，前臂在胸前交叉。膝盖自然弯曲，将重心控制在上身上，双目注视双拳，停留2～3秒。

◀ 回到起始姿势，左脚向前迈一步，屈膝，右腿伸直，呈左弓步，双臂上举，掌心相对，目视前方，停留2～3秒。

丰满女孩的着装贵在装饰，让你的缺点也闪亮闪亮吧

有些丰满的女孩自认底板不好，为了要隐藏体型往往会选择包身的衣服，但这样或许还会起不好的效果。而且有些女孩的丰满不是缺点反而是优点，因为很有女孩风格的丰满的身姿也是很有魅力的，把那个缺点好好装饰的话，你一定会更闪亮的！

对于上述问题，其实只要选择宽松的衣服就好了，但为了让丰满的地方更闪亮一点，要有魅力地进行装饰，也就是要装饰胖女孩的赘肉，所谓的人气装扮并不只是装饰，更是调整穿着。有些女孩为了打造细腰而使用束腰带，这样看上去纤细的方法虽然可行，但是难得的丰满就会被藏起来，而蓬松松的小衫就可以表现出女孩子的温柔，建议胖女孩做这样的装扮。（见下图）

▲ 尽量选择明亮的颜色，找出最合适的吧！

▲ 而且配上合适的短上衣也是重点，这样就可以不用藏住丰满的魅力点，打造出美丽。

▲ 腿脚也不用隐藏，选择深色系颜色的裤袜。尽情穿迷你裙吧！

你还可以用缎带来装点T恤

如果你还想再可爱一点，用漂亮的缎带来装饰你的衣裳，同样能给你带来高品位与时尚的搭配。

如在T恤上，用缎带制作蝴蝶结缝制于胸前，最好能够加上2个以上的小蝴蝶结。或者缝制一个大一些的蝴蝶结也可以。

下身可以穿上碎花迷你裙，当然，最外面加上合适蕾丝轻外套，会更能衬托你的美丽与可爱！如果配合发带来选择蝴蝶结的话，会让你的可爱度和闪亮感觉UP！UP！

这样，蕾丝和缎带搭配的公主系时尚装扮完成，同时你也会成为当之无愧的时尚达人！胖女孩可以自信且优雅地闪亮登场了！

 人气女孩要点温习

- ●了解自己的特点并去体现，这才是自己的人气装扮。
- ●丰满的人不需要穿包身的衣服，用蓬松松的小衫配上短裙。
- ●不特意去掩饰才会魅力倍增！

正为自己的身材臃肿而烦恼的胖女孩，多多练习并乐在其中吧，这样你就能如转世再生般与以前糟糕的日子说"Bye-Bye"了，而且也会让你所爱的他拜倒在你的石榴裙下，恋爱中的你就是主角，和心爱的男孩一起闪耀吧！

通过一段时间的努力，我终于大变美女成功了，我与他的爱情也终于修成了正果！

第*14*课
A→C，"太平公主"
罩杯大冲关

拥有性感的事业线是每个女孩的向往，但如果很不幸，你对你的罩杯很不满意，那就请化悲愤为力量，努力修炼吧！

——这一课你要牢记的谏言

我发现男朋友偷瞄其他女人。

我向闺蜜咨询，她指我的胸部调侃道："可能你这儿太平了吧！"

我为此对他大发雷霆，问他什么意思？

他叹口气，说没什么，我对他这样的态度一头雾水。

我知道闺蜜是在说笑，但说实话，对着镜子看，我的罩杯确实不怎么值得我骄傲，怎么办呢？

也许你有着出众的容貌、高挑的身材，但你的胸部却很平，像未发育完全的初、高中生。你的姐妹也经常拿你开玩笑，戏称你的胸部是"飞机场"，或者被人冠以"太平公主"、"洗衣板"等称号，甚至连男朋友也总是露出嫌弃的表情，因为男人在评判女人是否性感的时候，总是以"胸"作为视点，认为拥有丰满乳房的女性才是美女。有时候去买内衣，当售货员问你多大罩杯时，当你回答"A"时，也许就连售货员都会禁不住说："这未免也太小了吧？"这时你是不是羞愧得有个地洞都想钻进去。那么，如何摆脱贫乳一族、平胸一族呢？

你是怎样成为"太平公主"的

乳房是女性最重要的器官，也是女性美的最好诠释。如果你的乳房平坦，且在A罩杯或以下，坦白说你的乳房不太有魅力。让乳房发育不良的原因，主要有以下几个方面：

💗 **遗传问题**：一般身体的某种形态的产生都会和遗传有关系，胸部当然也不例外。虽然不是百分百正确，但是胸部较小的女孩，有很大一部分原因是因为母亲的胸部也不够大。

💗 **发育问题**：如今生活条件好了，有些女孩子从十岁左右胸部就有发育的迹象。发育的征兆是胸部难受，乳头发痒。在发育的过程中，特别是从十岁左右一直到十八岁左右的这个时间段，适当的进行营养的摄取是非常重要的。经常听说有些女孩子，在发育的过程中，因为贫血等疾病，吃一些当归或者阿胶的大补血气的药物，结果在短短一年之内就增加了两个罩杯，胸部发育飞速发展。虽然适当的吃一些补药是合适的，但是吃多了却会引起体内过热，导致气血上的疾病，因此服用的时候还是要谨慎一些。

💗 **认知问题**：一些受到更多教育的城市女孩子，到了胸部飞速发展的时期，会采取相应的措施让胸部发展得更好更有型，但一些知识教育偏低一些的地方上或农村中的女孩，却不懂得怎么照顾自己的身体，常常不知道佩戴胸罩，或者把胸脯过大当成一种"丑"，甚至束胸，导致胸部变形，发育迟缓，等到长大之后才知道，自己当年是多么的傻。

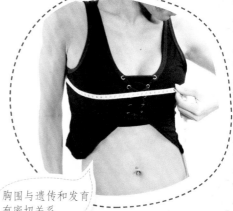

胸围与遗传和发育有密切关系。

"太平公主"御膳，吃出"C"杯来 ♥

乳房的发育离不开营养的支撑，而食物是营养最佳的提供者。如果你也想拥有大美胸，丰胸食物则功不可没。那么哪些是丰胸食物，怎样利用丰胸食物制造美胸佳肴呢？

值得重点推荐的明星丰胸食物

青木瓜

木瓜一直都是丰胸的利器。对于木瓜中的营养成分，比如木瓜酵素和维生素A能够刺激激素的分泌，让女性性征表现得更为明显，有助于丰胸。同时，木瓜中所含的酵素还可以分解蛋白质，能够促进身体对蛋白质的吸收。如果搭配肉类食用，效果会更好。

酒酿

酒酿不同于一般的酒，它是用蒸熟的糯米或者江米拌上酒酵而酿成的一种甜米酒，在北方也被称为甜酒汁子。这种酒中含有能够促进女性胸部细胞丰满的天然激素，而且产生的酒精也有助于改善胸部的血液循环。

酪梨

酪梨中的不饱和脂肪酸，能够增加胸部组织的弹性，并且酪梨中还含有丰富的维生素A，能够促进雌激素的分泌，尤其是所含的维生素C和维生素E，具有抗氧化、抗衰老的功效，能够防止胸部变形，同时还有助于胸部的发育。

猪蹄

猪蹄中含有大量能促进雌激素分泌的胶原蛋白，它是丰满乳房的重要原材料，适当多吃可促进胸部发育，使乳房更坚挺。

另外，含有人体所需微量元素的水产品，比如黄鱼、甲鱼、泥鳅、带鱼、章鱼、鱿鱼、海参、牡蛎以及海带、海蒿子等，另外还有鲜奶和核桃，都有很好的丰胸效果，也可以作为制订丰胸食谱的材料。

自己动手做特效丰胸食谱

木瓜牛奶汁

■ **材料**：木瓜、高钙鲜奶各适量。

■ **做法**：

1.将木瓜洗净，去皮和籽后切成小块。

2.将木瓜块、鲜奶和少许水一起打成汁，如果需要可以放少许糖。

酒酿红枣鸡蛋

■ **材料**：红枣5颗，苹果1/2个，鸡蛋1个，酒酿1杯。

■ **做法**：

1.红枣洗净泡软并去核，苹果切细丁备用。

2.将去核红枣及切丁的苹果用500毫升水熬煮20分钟。

3.鸡蛋打散，倒入锅中即熄火，再倒入酒酿拌匀即可食用。

黄豆煮猪排骨

■ **材料**：猪排500克，黄豆一把，大枣10枚，通草20克，生姜片适量。

■ **调料**：盐适量。

■ **做法**：

1.将猪排骨头洗净，剁成块；黄豆、大枣、生姜洗净；通草洗净用纱布包好，做成药包。

2.在锅内加水，用中火烧开，放入排骨、黄豆、大枣、生姜和药包，用文火煮2小时。

3.拿掉药包，加盐调味。

按摩助你脱离平胸一族 ♥

　　胸部有不少经络经过，也分布有不少穴位，这些经络联系着身体的五脏六腑和七经八脉，因此通过胸部按摩可以达到很好的丰胸效果，让你的胸围快速升级。下面就给大家介绍几招丰胸按摩操，非常简单！

方法一

　　双手的四指并拢，用指腹由乳尖到四周轻轻推出收拢，动作持续一分钟左右。在做动作的时候，要保证指甲的干净和安全，不能用力过猛。

方法二

　　用左手从右锁骨向下推拿按摩，直至推拿到乳房的根部，再向上推拿到锁骨下。然后用右手做着和左手对称的动作。轮流交替，做3～5遍。

方法三

用右手从胸骨处向左，推拿左侧乳房到腋下，然后再返回胸骨的地方，一共做3遍，然后再进行交换，用左手进行对称的动作。

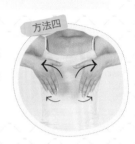
方法四

由胸骨到胸部下方的方向延伸，连续按压2次，再由胸骨朝胸部两侧的上方延伸，顺着胸部的周围连续按压3次。

方法五

以双手由胸骨的上方向颈部延伸，连续提拉3次，再分别以双手拉抬的方式向颈部连续按摩，左右各3次！

以上胸部按摩虽然操作起来不难，但是要坚持下来，对耐性不足的女孩来说，可能会比较困难。不过，如果你真的能长期坚持做的话，会让你得到意想不到的丰胸效果！

每天都要做的10分钟丰胸运动操

适当的丰胸运动能够锻炼胸部肌肉，提高乳房的支撑力，让胸部更挺拔，更紧实，进而促进血液循环，加强胸部皮肤的弹性。下面就让我们一起学习几种丰胸的方法，让你的胸部向更完美的方向进阶。

双手伸直延伸

▶ 站立，抬头挺胸，伸直背脊，双脚打开与肩同宽，将手臂向左右两侧伸直，手掌朝外，两边的手臂慢慢向前画圈30次，再向后画圈30次。

动作要点

身体站直不要驼背，配合自然平顺的呼吸，不要憋气，运动完后可以轻拍手臂，舒缓手臂的酸痛感。

拜拜式

⬤ 站立，双脚分开同肩宽，抬头挺胸，伸直背部，双手合十于胸前，手掌互推保持相接，尽量将手肘撑开，双肩不要摆动，同时手心用力相互推压，始终保持让胸部用力的状态，推压10秒左右。

◀ 收紧腹部，肩部微弓起，边吐气边将合十的双手用力向前伸直，保持约10秒钟。

3 以上动作可重复做10～15次。

动作要点

注意肩部要保持平展状态，双臂尽可能拉伸，注意力集中在胸部。

扩胸运动

◀ 自然站立，双脚分开同肩宽，挺胸抬头，挺直腰身，目视前方，抬起双臂，屈肘使大臂与前臂成90°度角，并于胸前将两条前臂合并在一起，大臂尽可能与地面平行。

动作要点

肩膀不可下垂，前臂一定要完全合在一起，做打开和并拢的动作要用力。

3 以上动作可重复做15～20次。

⬤ 腿部姿势不变，将合并在一起的手臂打开，向身体两侧展开，注意大臂与肩保持在同一水平上，这样可以打开胸腔，拉伸胸部肌肉，保持此姿势约5秒钟。

丰胸从生活点滴做起

丰胸的方法很多，可以说五花八门，但最为重要的是丰胸应从日常细节做起，这样才能让丰胸效果满点。尤其是在丰胸过程中应注意的关键点一定要了解，这样才能让你的丰胸过程走得更顺一些。

放松身心，胸部自然更挺

放松身心会让你的身体达到一个完美的状态，在完美状态下进行丰胸，效果会更好一些，整天唉声叹气的，你的胸部也会跟着垂头丧气，所以为了让你的胸部更"挺美"一些，保持能吃能喝的自信乐观心态吧！

早睡早起，作息规律

在熟睡的过程中，女性体内会分泌出雌激素来，这些雌激素会刺激胸部的发育。如果经常熬夜，分泌刺激的机会就会减少很多，胸部自然也就大不起来了。

丰胸产品的误区

有些人对丰胸产品很迷信，特别是涂抹的药品。但是其实对丰胸来说，即便是有作用，那很大程度上也是因为涂抹药物时按摩的作用，丰胸产品都会要求在涂抹的过程中加以揉搓，很大的原因可能就是这个"按摩"，才让胸部大了起来，而未必是药品的缘故。所以，有时候可以自己用一些按摩膏涂在胸部进行按摩，说不定效果会更好！

把握好每月丰胸的最佳时机

丰胸的最佳时机是在每月的经期过后的一周。如果把月经来的那一周看做第一周，那么月经结束后碰到的那个星期就是丰胸的最佳时机。这段时间女性体内的激素分泌比较正常，能够客观地看出来丰胸的效果，所以丰胸的时候把握好时机很重要。

冲淋胸部可紧致胸部肌肤

在用花洒进行淋浴时，利用水柱的冲力，以冷热水交替的方式，由下往上冲洗胸部，注意热水的温度不可超过37℃，否则可能会导致胸部肌肤变干燥。这种方法可以促进胸部的血液循环，使胸部更紧致。

只要你相信"平胸"并不是不可改变的，并为此做着各种努力，那么，总有一天你可以骄傲地说："我已经脱'平'了"！如果你还在"平"乳的牢笼苦苦挣扎，那就赶快执行上面的丰胸作战计划吧！只要你也坚信：女孩为了美丽，只要努力，就能像孙悟空一样实现"七十二变"。现在就开始向C罩杯，甚至D罩杯冲关吧！

美胸从日常生活中做起。

第15课

欲造V型小脸，
请在大饼脸上舞指吧

大饼脸修炼成巴掌脸并不是不可能，只在于你是否相信自己能够做到，只要你相信自己，并且坚持执行瘦脸计划，那么一切皆有可能。

——这一课你要牢记的谏言

我有一张大脸，戴上眼镜常常会把镜框撑大，只能戴隐形眼镜，为此我很烦恼。

也时常被同伴嘲笑，没事就拿我当话题，为此我也很自卑。

我该怎么办？我的好朋友受不了我萎靡不振的样子，痛骂我一顿，并告诉我，世界上没有不可能的事，只有你肯不肯做的事。

我做梦都想有个小脸，但是天生如此，我只能躲在无人处暗自沮丧。

我蓦然顿悟，美丽总要付出代价，为了把脸变小，我愿意付出不懈努力！

103

要说女孩最完美的脸型是什么样的？毫无疑问"巴掌脸"当仁不让！要问什么脸型女孩们最讨厌，也毫无疑问"大饼脸"最受唾弃！如果很不幸，你却是长了一张大饼脸，而且还有点婴儿肥，是不是立马跑去韩国整容的心都有？但对于贫穷小女孩来说，那可需要一大笔的整形费呢，而且还要承担很高的风险，甚至还有惨遭毁容的可能，如果是那样还不如顶着这张圆圆的"大饼脸"呢！那么，有没有一种安全的、零风险的小脸修炼术呢？在这里可以很肯定地告诉大家：有！如果你决心要变成"小脸"女孩，就千万不要错过下面的课程哦！它会将"大饼脸"女孩们的烦恼统统扫光光！

你的脸，是怎么大起来的 ♥

想要将脸瘦下来，就要先了解脸是怎么胖起来的，这样你才能知因究底，抓住主凶，有针对性地改造。一般导致脸部轮廓丰满的原因主要有三个：

脸大怎么办?

♥脂肪。脂肪是体重增加的罪魁祸首，不仅容易堆积在腰腹和四肢，也是最容易堆积在脸上，是让你脸部肥嘟嘟的元凶。如果想要瓜子脸，消除脂肪是第一任务，但要采取正确的方法，比如保持运动、合理膳食等，不做抽脂手术和打瘦脸针。

♥面部骨骼。这个是遗传基因的问题，比较没辙，基本上是没什么希望变成瓜子脸了，只能通过整容来达到了。但如果没有十分必要，建议尽可能不要做这样的选择，你可以通过打理头发来遮住大饼脸！

♥肌肉。咬肌发达也是导致脸型变大的原因哦！所以女孩们如果喜欢嚼口香糖，就要注意了。可能开始你脸大的原因是因为脂肪堆积较多，通过嚼口香糖让它瘦了下来，但是如果嚼得太过度，那么这时候肌肉就会慢慢地长出来，反而会让你的脸由脂肪型的肥嘟嘟脸变成肌肉型刚劲脸庞。而且一旦形成这种胖脸，要再瘦下来则要比脂肪肥脸困难得多。所以，嚼口香糖不要成为习惯，每次咀嚼不要超过15分钟。

大脸变小脸，从运动开始 ♥

面子问题是女孩最看重的问题，为了让脸瘦下来甚至不惜任何代价，比如吃药、整容、打瘦脸针。但这样做的风险非常高，有些风险一旦出现，对女孩来说简直是毁灭性打击，所以还是不要冒险为好。在这里将教大家一套无风险、有特效的瘦脸运动，女孩们赶快动起来吧！

伸展运动，打造全身平衡

打造小脸是有诀窍的，首先要做伸展运动，可能有的朋友会疑惑，我是要小脸，为什么要做伸展运动呢？原因很简单，要变成小脸，就需要保持一种平衡，因为脸不单单就是一张脸的构成！脸的周围，也就是肩、胸、颈等这些脸的根基部位也是很重要的，而且大部分女孩之所以脸看起来很大，是因为脸上肌肉的硬度，造成视觉不好等因素构成，所以全身的平衡是很重要的。

正是由于脸和身体之间的这种肌肉相连，所以伸展运动完全能够帮助你瘦掉大饼脸。伸展运动和广播体操里的伸展运动差不多，主要秘诀就是充分地把手臂举起来，感到你的肩膀在发力。具体方法如下：

◀ 自然站立，双脚并拢，绷直身体，双手自然下垂，目视前方。

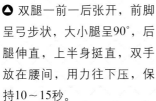

● 双腿一前一后张开，前脚呈弓步状，大小腿呈90°，后腿伸直，上半身挺直，双手放在腰间，用力往下压，保持10～15秒。

● 自然站立，双脚分开，一只手臂握拳向上屈肘，小臂与大臂成90°角，另一只手臂伸直，放在屈着的手臂的肘部，用肩部的力量，左右转动上身。接着换手臂做同样的动作，重复做5组。

做伸展运动要坚持到底，而且要勤奋，别偷懒，不要动不动就吵着"我累了，要歇会儿！"，这样的话，说明你要美丽的决心还不够。

伸舌操，打通小脸之路

做完舒展运动后，通往小脸之路的好戏上场了，开始做能把脸变小的变脸体操吧！

◐ 首先脸朝上，用舌头去够鼻子，保持5秒钟。这样重复做3次。

◔ 把伸出来的舌头左右来回移动。这个要做10次，共做3套。

3

▶ 接下来用力闭上眼睛，喊"啊"吧！这样重复做30次。

4

◀ 用力睁开眼睛，喊"哦"吧！同样重复30次。

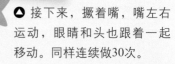

5

◔ 接下来，撅着嘴，嘴左右运动，眼睛和头也跟着一起移动。同样连续做30次。

这样一系列动作做下来，可能你会感到脸有些酸痛，这说明小脸操达到了效果，同时脸部肌肉也得到了放松。注意，每天都要这样运动哦！

点点按按，轻轻松松变"巴掌脸"

按摩是瘦脸奇招，用手指在脸上点点按按，就能让脸小下去，但要长期坚持才有效！下面就教大家一套瘦脸按摩操，一起来动动手指头吧！

化妆水拍打法

1.买质量较好的化妆棉，在化妆棉两面上都蘸上化妆水，从下巴的部位开始拍打，一直到耳朵附近，用力不要太大，小心打痛自己。

2.从脸中部到外围，由内而外，从下到上拍打脸蛋和额头一百下左右，等到化妆棉快要干掉的时候再次补充化妆水，不然会让皮肤受伤。

3.拍打结束后双手覆盖脸面，稍微往上提拉，会让皮肤更紧致！

4.早晚用化妆水拍打肌肤，记得用由下到上的顺序，使得皮肤更加紧致，脸自然会因为皮肤的紧致而变得小巧，整个人看起来也会气色好。

化妆水拍打法，
美肤又瘦脸。

穴位按摩

◀ 买来专业的瘦脸霜，用来放松脸部的肌肉。

◀ **按摩额头**

从下巴开始，按摩至耳朵的位置，接着再以额头为中心向外侧按摩，接着按摩眼周，再从鼻子到眼角两侧做类似旋转式的按摩。

◀ **顶下颚凹陷处**

用大拇指顶起下颚两侧的凹陷处，把头的重量全部放在大拇指上，也就是说，用大拇指支撑起头部，并且顺着脸部的线条往上压。每次3秒，重复做3次。这样能让脸部的线条更完美，更清晰。注意动作要有力，但是也要避免戳伤下巴。

◀ 按压锁骨凹陷

用手指按压锁骨的凹陷处，刺激淋巴。如果是长指甲的女孩子，可以用手掌或者手指关节处，紧紧压在在锁骨凹陷处，3～5秒放开手，连续重复做3次。

⬖ 按摩鼻侧

先从下巴到耳根背后轻轻抚摸，再从鼻子两侧按摩到颧骨下的凹陷处，这样来来回回地做平滑按摩，每次需做10个来回。

◀ 按压内眼角

将指腹置于内眼角稍用力往下压，这样可以让眼皮的肌肉变得更结实，更有力。但是一定要注意眼睛的放松，每次3秒，重复3次。

⬖ 按摩眼下方

沿着眼睛下方的骨线从内眼角向外眼角方向下压，注意不要把顺序弄错了。每次3秒，重复3次。这样可以紧实眼部的肌肉和皮肤。

⬖ 轻压眉毛、按摩眼眶

找到自己的眉骨，用中指轻压眉毛，接着沿着眉骨按摩双眼皮，然后沿着眼框上方的骨头，按摩到眼睛尾部。每次3秒，重复3次。

提拉皮肤

◀ 提拉眼尾
用双手食指和中指指腹，从眉毛尾部沿着眼眶的骨头往眉心中间画圈按摩，在眼尾的部分往上提拉，连续重复5次。

▶ 提拉脸颊
用食指、中指、无名指和小指的指腹，以鼻翼为起点，从颧骨的位置往外提拉到耳朵前的淋巴处，连续重复5次。

◆ 提拉右半脸
用左掌包围右脸，沿着下巴提拉至左耳附近，而后换手，用右手包裹左脸提拉到右耳附近，交替重复5次。

　　这些按摩方法虽然感觉有些复杂，但却超级有效，当你做完全程按摩之后，就能明显感觉和之前不一样了。长期坚持下去，你的脸部轮廓会越来越紧凑，脸部的肥肉和肌肉也慢慢地消失不见了，整个脸看上去小巧很多。但要注意，使用专业的按摩膏，或者卸妆油和乳液的混合物进行按摩后，一定记得用洗面奶洗干净哦！

　　"大饼脸"女孩一定要坚信一句话：没有丑女人，只有懒女人。一定要持之以恒，坚持锻炼，坚持按摩，坚持修饰，只要做到这几点，相信你一定能亲手"制造"出漂亮的瓜子脸来。

化妆造型篇

形象改变，让自己闪闪惹人爱

　　没有嫩滑无瑕的肤质？没有精致的五官？没有如瀑的秀发？没有美丽的脸庞？女孩子们，不要为不曾拥有天生丽质而烦恼，几瓶化妆品、几根画笔、一把梳子、几件发饰，就会让平凡的你熠熠生辉起来。如果你能努力进阶，练就出神入化的化妆神技，你也能成为充满魅惑感的宅男女神。本书的第二部分以图解的形式，手把手教你高超的化妆造型神技，化妆菜鸟妹们，快来修炼吧！

第16课
给自己画个美美的妆，
先从掌握基本化妆手法开始吧

选择自己的风格才是女孩子走上光彩夺目之路的关键，没错，女孩子任何时候都能绽放光彩，现在开始，找回自信，绽放光彩吧！

——这一课你要牢记的谏言

我很少化妆，总是素颜，平时不觉得什么，但在舞会上看着漂亮妆容的女孩，被男孩一个一个地邀请走。

只有我一个人孤零零地坐在看台边，无人邀请。

好友看到落寞的我，将我拉到洗手间帮我化妆。

镜子中的我，一下子艳光四射，原来化妆竟然这么神奇。

就连我暗恋已久的男孩也伸手向我邀请跳舞。

那晚，我们一直在舞池中不断舞动，我从来没有那么开心过！

如果你问女孩子，对她自己来说，什么最重要，可能会有不少女孩回答：化妆。即使再懒的女孩，出门也会在脸上画上几笔，特别是出门约会的女孩，为了悦己者，即使再急性子，也会静下心来花几个小时画一个精致的妆容，以期能够在不够完美处扬长避短，在完美处添加色彩，让心仪的男孩看到更完美的自己。可能这样的你和素颜的你相比判若两人，给人"掩人耳目"的感觉，但这确实能够提高自信，激化自己的潜能，同时这也说明你重视对方才会对自己的妆容这么在意，看在你的诚意上，多数人不会太计较。

虽然妆容能为你加分不少，但不正确的化妆却能让你的形象"飞流直下三千尺"，给人非常糟糕的印象。对于化妆菜鸟们，不要急于在脸上涂抹，所谓心急吃不了热豆腐，先静下心来学习一些化妆的基本知识吧！

打造完美底妆，是画好美妆的基础

底妆是缔造完美妆容的第一步，也是化妆最基础的一道程序，不仅能够帮助你掩饰面部皮肤上的瑕疵，让肤色更加均匀闪亮，同时还能让你的脸型和面部结构更趋完美，尤其是所画的底妆如果能够达到精致、持久和完美的话，那么就意味着你拥有了一把能够开启美丽大门的金钥匙。但是完美的底妆应该怎样画呢？

需要用到的上妆道具

粉底刷

粉底刷主要用于刷粉底，能完整地保留粉底的原有质地，且打出来的粉底会比较透、亮。主要适用于涂抹粉底液，也可做高光的涂抹。为了保持粉底刷的湿度，应先将粉底刷沾水浸湿，然后蘸适量粉底在皮肤上均匀涂抹。

大号余粉刷

大号余粉刷毛刷外型饱满、毛制柔软、不刺激皮肤，主要用于定妆后扫掉浮粉或用于较薄较透粉底的定妆，是套刷中最大的一把毛刷。如果是用于定妆的话，可用刷头蘸取少量定妆粉，轻拍面部；定妆后用粉刷由内而外横向轻扫皮肤。注意操作时，应将刷头倾斜一些，不要将刷头正面直戳面部，否则会有刺痛感。

轮廓刷

轮廓刷比大号余粉刷小一些，轮廓刷刷头呈斜面，主要用于面部外轮廓的修饰，使面部更具立体感，也可以代替腮红刷。蘸取双色修容饼中的深色，在手背揉开后在面部外轮廓斜向轻扫。

修容刷

修容刷的刷头扁平呈半圆形，其作用是修饰内轮廓或是高光提亮，主要用于眼周围、T字区、下巴等部位。蘸取适量双色修容饼中的浅色，比如白色、米色、米黄色等颜色，以刷腹接触面部进行轻扫。

余粉扫

余粉扫也叫扇形刷，呈扇形，主要用于扫掉面部多余的定妆粉，也可用于眼影掉渣的清洁。在扫去面部多余的定妆粉时，应注意动作要轻，否则可能会弄花粉底，然后清洁的动作要快，这样能更好地弹走面部多余的粉末。

海绵

海棉主要用于涂抹粉底，有圆形、三角形和圆柱（圆锥）形。形状、大小不同，其作用不同，质地稍硬、面积大的圆形海绵，可用于额头、两颊等大面积打底，质地细致的三角形、圆柱（圆锥）形海绵，可用于眼角、鼻翼和嘴角等局部打底。在使用时，可先将海绵泡湿，使其变柔软，少量多次地蘸取粉底，用点拍、滚压、擦压等手法作用于面部。

粉扑

主要有圆形粉扑和蜜粉刷，主要用于定妆，可用粉扑正面蘸取定妆粉，然后对折一下，使定妆粉均匀，再轻按面部。

干用刷子的清洁方法

眼影刷、腮红刷、眉刷为干用刷子，使用过后，可以采用以下方法进行清洁：

1.用刷毛和笔杆沾温水，注意要充分沾湿。

2.接着用手指沾取洗发水，将其仔细涂抹在刷毛上，再顺着刷毛的方向在手背来回轻压。

3.然后用吸水力强的厨房用纸擦干，放在通风处阴干。

4.过一段时间把刷毛翻面，并在手背上顺毛，放在通风处阴干。

湿用刷子的清洁方法

粉底刷、唇刷为湿用刷子，使用过后，可以采用以下方法进行清洁：

1.直接将卸妆油或洗刷水抹在刷头上，然后揉搓出所有脏污。

2.用清水漂洗，将洗涤剂洗干净。

3.用肥皂呈螺旋状再次洗净刷头，在手背正反面按压干净。

4.放在毛巾上阴干。

需要用到的化妆用品

💋 粉底：可以掩盖瑕疵、调整肤色，使皮肤颜色自然而均匀，粉底有很多种形态，比如液状、凝露状、乳状、条状、霜状等，其形态不同，掩盖力和效果也不一样，其力度强弱如下所示：

清爽度：

液状 > 凝露状 > 乳状 > 条状 > 霜状

遮瑕度：

液状 < 凝露状 < 乳状 < 条状 < 霜状

💋 遮瑕产品：可以帮助修饰和掩盖肌肤问题，比如黑眼圈、色斑、色素沉积等。其类别主要为遮瑕笔和遮瑕膏，在选择和使用遮瑕产品时，应选与皮肤或粉底的颜色相近的。

💋 散粉：主要用于定妆，可减少肌肤油光，保持妆面持久。其类别主要分为四种，且所达到的妆面效果各不同，详情见下表：

散粉类别	化妆效果
透明粉	只能保持皮肤的干爽效果，改变不了皮肤颜色。
彩色粉	有偏白、偏粉、偏绿、偏紫等颜色，可使皮肤白皙粉嫩，改善肌肤偏红偏黄的情况。
亚光粉	具有定妆和修容的效果，且上完粉底后，妆容显得清透自然、不厚重。
闪光粉	由于含有闪光微粒，可以增加皮肤的光泽感和亮度。

💋 双用粉饼：分为干用和湿用两种作用，干用具有亚光散粉的作用，湿用可以起到粉底的修饰作用。

手把手教你上妆步骤

Step 1 做好妆前护肤工作

▶ 先将适量化妆水倒入到化妆棉上，用其轻拍面部，直至化妆棉变干燥、水分被肌肤完全吸收为止。

○ 将适量保湿乳液挤在化妆棉上，将化妆棉覆盖在中指和无名指指腹上，用食指和小指夹住化妆棉，涂抹全脸，然后去掉化妆棉，用手指腹轻轻按摩全脸，帮助乳液吸收。

Step 2 给脸部划分区域，分区上粉底

将脸部划分大区域和小区域，大区域包括T字部位、脸颊苹果肌和下颌骨，由于这些部位的皮肤纹理比较平整，可用粉刷按同一方向大范围粉刷，这样可使肌肤颜色均匀自然；小区域包括鼻翼、唇边和眼周，这些地方面积比较小，皮肤纹理也比较复杂，且肌肤问题比较多，可用海绵蘸取遮瑕膏进行弹点式的局部涂抹。（见右图）

Step 3 均匀涂抹隔离霜

◀ 用手指取适量隔离霜，点在额头、脸颊和下颌处。

◀ 用刷子蘸取少量隔离霜，均匀涂抹在鼻子处，切记不可涂得过厚。

◀ 用手指由内向外放射状地涂抹开来，然后搓热双手，用掌心温度温热一下全脸，有助提亮肌肤底色，并能够更好地上妆。

◀ 再用棉扑轻轻地拍打鼻子，一是可以使隔离霜涂得更均匀，二是可以吸收多余的油脂。

Step 4 均匀涂抹粉底

◀ 用粉底刷蘸取适量粉底霜或者粉底液，从两颊大面积处开始，以平行的方向由内往外，平贴在肌肤上来回打横地均匀涂刷。然后再蘸取适量粉底，沿着如图所示的箭头涂抹下巴。

▲ 上完脸颊的底妆后，用海绵弹点一下肌肤，能让底妆更均匀，并能帮助掩盖粗大毛孔。

▲ 刷完脸颊后，再蘸取适量的粉底，同样以平行的方式从左向右来回地均匀涂刷额头。

▲ 再用粉底刷蘸取适量粉底，以弧状涂刷轮廓处，再以由内向外的放射状补齐脸部侧缘没有涂到的地方。

▲ 用刷子上剩余的粉底，以其尖端从鼻子山根处往下刷到鼻底，如果刷子比较大，无法做精细动作的话，也可以换一个小一点的刷子。

Step 5 在问题肌肤处均匀涂抹遮瑕膏

▲ 取适量遮瑕膏，沿着上眼睑画成倒V，下眼睑画V，再均匀涂抹遮瑕膏，可修饰黑眼圈和皮肤暗沉，提亮肤色。

▲ 用刷子蘸取适量遮瑕膏，沿着肌肤纹理由上向下均匀涂抹在鼻头，注意涂薄一些。

▲ 蘸取适量遮瑕膏，在鼻翼两侧和易出油的地方轻轻点上遮瑕膏，轻轻地由下往上、由内往外以画圈的方式涂抹均匀，再轻轻拍按，使之与肌肤自然融合。

⬤ 搓热双手，用掌心的温度按压全脸，会让粉底更服贴。

⬤ 最后，取一个干净的海绵，再进行一次全脸按压，可避免出现肌纹和粉底痕迹，会让你的底妆更完美。

妩眉如黛，勾勒无限风情

眉是眼睛的外框，它在很大程度上勾勒着眼睛的神采，影响着脸部表情，而杂乱的眉毛、没有线条的眉型，哪怕你拥有再美丽的小脸也会失去神韵，让你的美丽大打折扣。因而拥有自然、出色的眉毛，对于女孩子来说至关重要。那么，我们如何修整和描画出妩媚如黛的双眉，为美丽赋上一首新曲呢?

需要用到的上妆道具

💗 眉刷：有斜形和螺旋形两种，两者的作用是不一样的，斜形眉刷用来蘸取眉粉后扫在眉部，而螺旋形眉刷则是用来刷掉多余的眉粉。

💗 眉钳：可将眉毛连根拨除。

💗 剃眉刀：紧贴皮肤将毛发切断。

💗 眉剪：剪掉过长或下垂的眉毛，使眉毛显得整齐。

💗 眉梳：梳理眉毛用的。

需要用到的化妆用品

💗 眉笔：较常用的眉笔颜色是灰黑色，注意千万不要选太黑太深的颜色，否则看起来会非常不自然，最好选择比发色稍微浅一些的颜色，或者使用与眼珠颜色一致的眼影粉来晕染眉色也可以。用眉笔描画时，应注意用笔尖顺着眉毛生长的方向逐笔描画。

〰️ 眉膏、眉胶：可直接用眉刷蘸取适量直接涂眉，同时它还具有打理眉毛，使其保持顺畅及提刷下垂的眉梢的作用。

〰️ 眉粉、眉饼：可直接用眉刷蘸取适量，刷在眉毛上晕染。

手把手教你上妆步骤

Step 1 先了解完美眉形的判断标准

〰️ 眉峰：眉峰位于黑眼球外侧与眼梢间，在画眉时应顺眉形自然过渡，不要刻意画出眉峰，也不要太高，否则会显得突兀、刻板。

〰️ 眉头：眉头是从眉毛生长的位置开始，向后约3毫米的部位开始描画，再用眉梳打理顺畅即可。

〰️ 眉梢：眉梢的位置最好不要超过嘴角与眼角的延长线，否则会显得老气。

眉头留出3mm不画

①②③

〰️ 眉形：其高低变化为由眉头处开始到眉峰处为止是渐渐上升的，在眉峰达到最高，然后由眉峰处至眉尾处下降；其粗细变化为由眉头向眉梢慢慢地自然收缩，整个眉形粗细要适中，且逐渐变细，注意眉梢部分不要过细。

〰️ 眉色：眉毛的颜色应与发色相近，最好介于眼珠与发色之间，并与肤色、妆面自然融合。注意整个眉毛不同部位颜色要求也不一样，眉头部位颜色应淡一些，眉腰至眉尾的颜色要深一些。

Step 2 根据自己的脸型选出相匹配的眉形

脸型	适合眉形	描画方法
圆形脸	弓形眉	由于眉形比较直，缺少弯曲感，故在描画时应将眉形调整成自然弧形，且要让眉头比内眼角稍长一些。
长形脸	平直眉	脸型偏长者，应将眉毛修成缓和的直眉，切记不要修成长而弯的眉形。
方形脸	上扬眉	由于方形脸棱角分明，在画眉时应注意从眉峰到眉梢线条要慢慢收细，并顺着眉形略微上扬一些，以缓和脸上的冷静。
倒三角脸	自然眉	可画成略弯一些的自然眉形，以便柔和脸形线条，切记不要向外延伸眉峰、眉梢，以免使棱角过于明显。

Step 3 修剪出基本的眉形

● 先确定要修剪的区域，可将眉毛划分为两个区域，即①区、②区（如图示），并将这两个区域外的毛去除。

● 先用眉笔确定好眉形，然后再用眉刷按眉毛生长的方向斜向梳理好。

● 修剪眉头时，用眉刀沿眉毛的外侧缘从眉头至眉梢仔细地将多余的杂毛剔除。

● 在剔除眉峰至眉梢处的杂毛时，可用剃刀从靠近发际处至颧骨上方处仔细剔除。

● 用眉镊将眉峰至眉梢上下方的杂毛拔除，尤其是眉骨下方、眉头上方与下方的杂毛也要注意拔除。

● 在修整长毛束时，可将眉梳抵在长出来的眉毛距离眉根部约5毫米处，然后再用眉剪将长出来的眉毛剪掉。

Step 4 画出完美的眉形

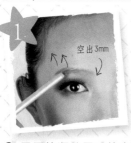

● 用眉笔顺着眉毛的走向一根一根地斜向上描画，注意在眉毛生长处空出3毫米不画。

● 用眉笔顺着眉毛从眉峰到眉梢向斜下方画细细的线，将眉毛之间的空隙自然填补。

● 首先空出3毫米的眉头，然后再从后面将整条眉毛分成两部分，用眼线笔分别将两部分左右来回地晕染。

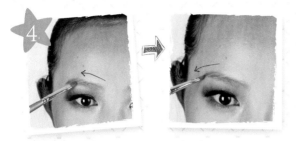

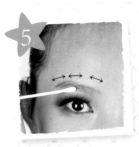

⬤ 为了调整出立体眉毛，对于眉毛的前端，可将中间色与深色的眉粉进行混合，然后用眉刷蘸取混合后的眉粉，从眉头涂到眉峰；对于眉毛的后端，可先用眉刷蘸取适量明亮色眉粉涂抹在眉梢处，然后再将中间色与高光色的眉粉混合，重叠涂抹在眉峰到眉梢的位置。

⬤ 最后用棉棒轻轻地晕染整个眉部，以便消除明显的描画线条，使其上色看起来更自然一些。

Step 5 消除问题眉毛

　　有些女孩眉梢处的眉毛生长得比较杂乱，还有女孩的生长得比较稀疏，从而影响整个眉毛的美感。那么应该怎样解决这个问题呢？

◀ 用眉笔一根一根地沿着眉毛的走向仔细地描画出眉毛的毛束，像这样从眉峰一直画到眉梢。

◀ 用眉笔一根一根地沿着眉毛的轮廓描画，特别是在眉毛稀疏的地方，用眉笔将其一根根地补足，以看不到肌肤颜色为准。

⬤ 对于描画不均匀的地方，可用棉棒轻轻擦拭描画痕迹，使眉形更加自然、清爽。

另外，有一些女孩的整个眉毛看起来稀疏，局部地方甚至有些残缺，让女孩看起来没有精神，且感觉怪怪的。那么有这样烦恼的女孩，该怎么办呢？

⬤ 如果眉头比较稀疏的话，可在距离眉毛开始生长的位置空出3毫米，然后用眉笔在眉头中心偏下处开始仔细描画，以填补眉头稀疏部位。

⬤ 用眉笔描画的眉头部位可能刻画的痕迹太过明显，可用指腹将色彩向鼻梁方向斜向下晕开，这样看起来会更自然一些。

⬤ 如果眉头画得比较重，或者本身眉头生长得比较重的话，会显得不自然，可在眉头下方呈扇形加入阴影色，这样既可以避免眉头看起来过重，又能衬托出立体眉形。

媚眼闪烁，塑造心灵之窗 ♥

都说"眼睛是心灵的窗户"，是整个脸部最动人的地方，因而恰当的眼妆被认为是化妆的灵魂。通过化妆，不仅能够增加眼部的立体感和美感，而且还能烘托出整个脸部形象。

需要用到的上妆道具

眼影刷

眼影刷主要是在上粉质眼影时用来涂抹晕染眼影，其大小不等，有大、中、小号之分，在一个套刷中至少有5把眼影刷，呈扁平半圆状，可根据需要进行选择。

■ **使用**：睫毛根部眼影的晕染，建议用刷头蘸取眼影，注意量要大一些；在眼皮上的眼影晕染，建议用刷腹蘸取眼影，以免掉渣和弄脏妆面。

眼线刷

眼线刷比较小，其形状与眼影刷一样，尤其是刷头较小，能直接接触到睫毛根部，可用于描画、揉开眼线。

■ **使用**：可以用眼线刷蘸取适量眼影顺着眼型描画，也可以在眼线笔描画完眼线后用眼线刷轻揉眼线，使眼线看起来更自然。

美目胶带

美目胶带多为透明、多孔状，可以矫正双眼皮的宽度，目前市场上也有剪好的月牙型的成品，但成品容易受到眼型的限制，使用起来不太自然，故而还是建议大家使用卷成一圈的美目胶带。

■ **使用**：用化妆剪刀将美目胶带剪成符合眼睛大小的月牙形状，贴在眼睛自然的褶皱线上。

需要用到的化妆用品

眼线笔

对于化妆菜鸟妹们来说，眼线笔是再适合不过的眼部化妆工具罢了，尤其是旋转式笔头更容易操作，可以非常轻松地贴近黏膜部位，从而能够描画出精致的内眼线且容易修正。

■ **使用方法及技巧**：1.在描画前先将笔芯削成斜角，这样会更容易平滑勾勒且所描画的线条也会更细；2.如果嫌眼线笔芯质地太硬，不易上色的话，可以选择软芯质地的眼线笔，这样会更容易顺畅勾勒出线条。

眼线液

眼线液的笔头呈尖尖的形状，非常适合用于勾勒十分纤细的线条，对于化妆菜鸟妹们来说，建议选择笔头稍微硬一些的眼线液，这样会更方便操作！

■ **使用方法及技巧**：1.在用眼线液描画眼线时，不要粗略地用一笔画出整个眼线，而应该用笔尖左右来回地、分部位逐步地来描画眼线；2.如果眼线画歪了，或者画坏了，可用棉棒蘸取少量粉底液，将其覆盖在眼线上，然后再重新描画。

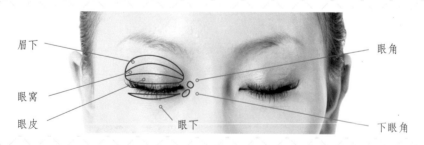

眼线膏

用眼线膏描画眼线会更容易掌握一些，可以涂抹在睫毛之间，能将眼线很好地"融合"与"埋入"到睫毛之中，非常适合化妆菜鸟们使用，尤其是配合扁头眼线刷进行描画的话，会让眼线的效果看起来更加柔和、自然。

■ **使用方法及技巧**：1.先用眼线刷蘸取适量膏体，注意膏体不要蘸取过多，蘸取后可在纸巾上擦拭掉多余的膏体；2.描画眼线时，可横向使用扁平刷头，并注意刷头与眼皮要保持45°的夹角。

手把手教你上妆步骤

Step 1 给眼影划分描画区域

☞ 眉下：在眼窝与眉毛间加入亮色眼影，打造眉下高光区域，以提升立体感。

☞ 眼窝：为了让眼影看起来有光泽感，可在上眼睑眼球所在的凹陷部位，用浅色眼影晕染打底。

☞ 眼皮：睁眼时，上眼睑会形成皱褶区域，而在这个区域建议涂抹最深的眼影色，可以使眼部轮廓更明显。

☞ 眼下：为了让眼睛看起来更深邃，可用深、浅色的眼影自然晕染下眼睑的睫毛下缘。

☞ 下眼角：为了让眼睛看起来又大又亮，可在下眼睑靠近眼角的部位加入高光进行提亮。

☞ 眼角：为了让眼睛看起来有润泽感，可在上下眼角衔接位置，打上局部高光。

Step 2 选择适宜的眼影颜色，打造多彩明眸

涂抹眼影是一件技术活，涂得好了，可为眼睛增光添彩，而一旦涂抹失败，则可能让人以为你是妖怪。因此女孩们，掌握正确的涂眼影的方法非常重要。那么为了让你的眼睛看起来更加明眸善睐，该怎样涂抹呢？由于不同色系的眼影能够打造出不同的妆容效果，因此在画眼影前首先要选择出适合自己的颜色，从而帮助你展现不同的气质。接下来先学习一下色彩搭配原则吧！

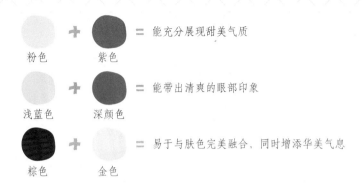

粉色	+ 紫色	= 能充分展现甜美气质
浅蓝色	+ 深颜色	= 能带出清爽的眼部印象
棕色	+ 金色	= 易于与肤色完美融合，同时增添华美气息

另外，还要根据肤色选择眼影，使肤色与眼影得到完美的融合，比如肤色黯沉的女孩，可以选择淡黄色或浅茶色，或混合两种颜色，这样能够提亮肤色。千万不要再选偏灰的冷色眼影，否则会让你的眼妆看起来暗淡无光。

如果你无法掌握眼影的颜色和用量，可在上眼影前，蘸取少量眼影涂抹在手背上，试一下颜色，同时还可以用眼影刷蘸取眼影后在手背上调整用量，这样可以避免因蘸取过量眼影而导致眼妆过于浓厚，轻轻松松就能画出轻薄眼妆来。

还有一点要注意的是，涂抹眼影时应按淡色→深色→亮色的顺序加入颜色，这样画出的眼影会更有质感。

Step 1　描画轮廓清晰的眼线

上眼皮内侧眼线的描画

◯ 首先用指腹轻提上眼皮，使上眼皮的内侧充分暴露出来，然后用眼线笔从眼部中央开始，向眼尾处一步步细碎地移动描画，在到达眼尾处时，应沿上眼皮轮廓逐步收细。

◯ 然后先在眼角处空出1毫米的间隙，这部分先不描画，接着再由眼角处小幅度移动眼线笔笔尖，向着眼部中央方向进行描画，注意眼线笔的操作要小幅度一些、细碎一些，这样画出的效果会更自然。

◯ 为了让眼线中部能够自然衔接，可用眼线笔的笔尖左右移动描画眼部中央，使两侧的眼线略重合。

上眼皮外侧眼线的描画

⬥ 用眼线笔从眼梢处向黑眼珠外侧部位描画略粗一些的眼线，眼线的粗细根据自己的妆容效果，一般是宽约2毫米。

⬥ 然后用眼线笔从眼角向黑眼珠外侧边缘（也就是上眼皮的中部）描画眼线，注意应仔细地小幅度地移动笔尖来描画眼线。

⬥ 在黑眼珠中部，也就是上眼皮的中部，用眼线笔的笔尖左右来回地描画眼线，将之前两边画的眼线衔接上。

眼梢处内侧眼线与外侧眼线的描画

⬥ 描画眼线末端时，可将靠近眼梢处的眼线末端，在睁眼时略向后下方延伸描画，使之略长于眼部轮廓。

⬥ 在靠近眼梢1/2处描画下眼线，使下眼线的末端与上眼线能够自然连接起来，这样能够帮助消除小三角区处的余白。

⬥ 为了让眼线看起来更自然，可用棉棒轻轻晕染下眼皮中部向眼角部分的眼线，使其看起来更自然一些，但切记不要将下眼皮晕黑。

Step 4　打造扑扇扑扇的卷翘睫毛

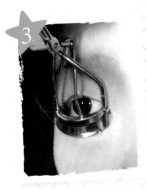

🔵 将睫毛夹轻轻按在眼皮的位置，然后从根部轻轻地夹起睫毛，使根部的睫毛呈弯曲状态，注意在夹睫毛时不要过于用力，以免夹断睫毛。

🔵 接着，轻抬手腕，将睫毛夹从睫毛的根部移到中部，再轻轻地夹一下睫毛，然后再以同样的方法夹睫毛的梢部，如果睫毛比较长，可以小幅度地多移动几次，每次可移动1～2毫米，从睫毛根部逐渐夹至睫毛梢。

🔵 对于下睫毛可以采用反向夹法，即反向使用睫毛夹，也是从睫毛根部开始，轻轻地夹向睫毛梢。

Step 5　利用睫毛膏，刷出放电魅眼

先做好刷睫毛膏前的准备工作

🔵 先用睫毛夹将睫毛夹出卷翘弧度，这样方便后面刷睫毛膏，同时也会让睫毛更好看。

🔵 用透明的睫毛底液从上睫毛的根部逐步向睫毛的梢部轻轻地涂刷。蘸取睫毛膏后，为了避免所蘸取的睫毛膏量过多，可将刷头在瓶口抹掉多余的睫毛膏，也可以将刷头在纸巾上轻轻拭去多余的膏体，这样既可以调整睫毛膏的用量、避免结块，又可以帮助打造出清晰的睫毛。

接着涂刷上睫毛

❷ 用睫毛刷从上睫毛根部开始，逐步向睫毛中部移动，在移动时注意左右移动刷头。

❷ 接着用睫毛刷从睫毛中部快速滑动刷头，刷至睫毛梢，这样有助于拉长睫毛，注意在移动刷头时不要来回移动。

❷ 横提睫毛刷，先用刷头横向涂刷眼尾部位的睫毛，然后纵向用刷头涂刷眼角处。

涂刷下睫毛

❷ 横提睫毛刷，用睫毛刷从下睫毛根部向睫毛梢横向刷开，注意睫毛的根部也涂上睫毛膏。

❷ 如果下睫毛比较稀疏的话，可以用睫毛刷一根根纵向涂抹下睫毛，尽可能将睫毛梢部拉长。

❷ 为了让睫毛更卷翘，卷翘度更加持久，可以用电烫睫毛器从睫毛根部轻轻地向上烫睫毛。

Step 6 粘贴假睫毛，提升眼睛魅力

确认假睫毛的长度，并进行修剪

◀ 先确定假睫毛的长度，方法为：将假睫毛沿眼形比试一下，以确认其长度，但要注意比试时应避开眼角不贴，其具体实际长度应是从距离眼角2~5毫米的位置开始至眼梢处。

❷ 然后开始修剪假睫毛的长度，修剪时应从毛梢较长的一侧根部剪去多余部分。

正确涂抹睫毛胶

🔺 用双手的拇指和食指捏住假睫毛的两端，稍微用力使其从根部轻轻弯几下，这样既可增加假睫毛的弧度，使其更加贴合眼睑的弧度，又可使假睫毛变得更加柔软，易粘贴。

🔺 取适量睫毛胶，然后沿假睫毛的根部轻轻涂抹，注意不要涂得太多，涂抹后先等一会儿，等到胶快变成透明状态时再进行粘贴，这样黏合度会更好。

🔺 在涂抹睫毛胶时很可能会过量，当出现这种情况时，不要慌，将其放在手背上，轻轻拭去多余的胶水后再进行粘贴。

正确粘贴假睫毛

🔺 用镊子夹住假睫毛的一端，先粘贴眼梢处，注意假睫毛不要超出眼梢部分，然后边调整位置边贴合于睫毛根部，按这样的方法直至眼角处。

🔺 贴上假睫毛后，为了让睫毛贴得更紧实一些，可趁胶水还没干透时，用手指轻轻压假睫毛几秒钟。

🔺 贴完假睫毛后，可能未贴假睫毛的眼角部位，看起来分界不是很自然，为了让其衔接起来，可用眼线液描画衔接假睫毛根部的交界处。

巧妙融合真假睫毛

取适量睫毛膏，可从睫毛根部轻轻涂刷睫毛膏至睫毛中部，为了防止假睫毛被刷掉，使真假睫毛更好地融合，应呈锯齿状涂刷睫毛膏。接着涂刷睫毛梢，为了防止破坏睫毛的卷翘感，使真假睫毛自然融合，可采用竖起刷头涂刷睫毛梢的方式。（见右图）

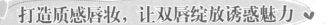

打造质感唇妆，让双唇绽放诱惑魅力 ♥

可能很多女孩都认为唇妆是所有妆容中最容易画的，只需要简单涂一下口红就行了。如果你是这样想的，那么你肯定很难拥有迷人的红唇。那么唇妆到底应该怎样画才能诱人呢？作为化妆菜鸟们，还是先来学学唇妆的基本画法吧！

需要用到的上妆道具

口红刷

口红刷的刷头部分比较尖，刷毛饱满圆润，它主要用于口红的涂抹，既可以勾画唇线，又能均匀涂沫口红。

■ **使用**：用口红刷直接蘸取口红，先勾画唇线，再涂抹唇中部。

需要用到的化妆用品

市面上销售有很多有关唇部的化妆品，比如唇线笔、唇彩、唇膏、唇蜜等，它们的颜色也应有尽有，如粉嫩色、纯色、中间色、艳色等，我们可以借助这些化妆品打造出具有立体感的性感美唇。

唇线笔

唇线笔与眉笔有点相似，用唇线笔不仅可以画出清晰的嘴唇轮廓，还可以改变唇型，修整过厚或过薄的嘴唇，使其达到完美标准。

■ **使用**：注意唇线笔颜色的选择应与唇膏颜色相近；为了让唇线笔勾勒的线条更平滑流畅，可在使用前，用大拇指和食指捏住笔尖加热几秒钟，使其软化一点。

唇彩

唇彩多为黏稠的液体或薄薄的膏状，里面富含各类高度滋润油脂和闪光因子，故而能产生晶亮剔透的立体效果，最为重要的是它不易脱妆。唇彩的颜色种类很多，在使用时一定要结合自己的肤色，这样才能让你的朱唇大放异彩。那么，应该怎样依据自己的肤色选择唇彩呢？现在就来学习一下唇彩的搭配法则吧！

肌肤颜色	适合的唇彩颜色	需注意的问题
偏黄肤色	可选择黄色调（即暖色调）的橙色或茶色唇彩进行搭配。如果想更具炫目感，可尝试多层次涂抹色彩柔和的唇彩。	不可选蓝色调（冷色调）的粉色唇彩，否则会让你的脸色显得更难看。
红润肤色	建议选择色彩较为鲜明的唇彩，这样有助让你的唇廓更为清晰明朗。	不要选择中性色的唇彩，否则可能会让你唇部的轮廓模糊不清。
白皙肤色	建议选择色彩明亮的唇彩，比如鲜艳的橙色或嫩粉色等，在涂抹时，唇部中央可涂得浓一些，周围部分淡淡地晕开即可，这样可帮助打造轻柔娇媚的丹唇。	选择淡色唇彩会让你看起来没精神，故而建议最好不要尝试这样的选择。
黝黑肤色	建议选择颜色较为浓烈或浅淡的颜色，也可以是含有金色或珠光闪粉的唇彩，这样能让你看起来更精神一些。	不建议选择中性色的唇彩。

当然，选择唇彩不仅仅要考虑肤色，唇色和唇形也是一个重要的考量因素。唇色暗淡的女孩可以先涂抹一下口红，改变一下唇色，再涂抹唇彩，但注意唇彩的颜色不要太鲜艳了。而对于唇形、唇色都非常棒的女孩，粉色、橙金色、玫瑰色则是再适合不过的颜色了，具有先天好底子的你大胆尝试一下吧！

另外，唇彩也要与妆容相衬生辉才行，这样才能让整个容颜加分，比如清雅裸妆，可以搭配色泽自然的唇彩，如淡粉、浅橘、桃红等颜色。如果妆容比较浓艳的话，相应要搭配颜色比较抢眼的唇彩，比如酒红、大红、紫红、金色等。

■ **使用**：唇彩要涂得轻薄一些，不要过于厚重，否则会缺乏透明感；唇彩的附着力不佳，如果涂抹多了，应尽可能用棉签或纸巾去除多余的，否则可能会破坏精心描画的唇形。

口红

口红又称唇膏、唇棒，是女人必备的化妆品之一，涂抹后不仅能修正嘴唇轮廓，改变唇色，增加嘴唇美感，使整个人都衬托得性感妩媚，同时口红还能更好地滋润、保护你的嘴唇。故而无论是基于它的美妆效果，还是养护功能，口红都深得女人喜爱。

在选择口红时，应与肤色和妆面气质结合起来，这样才能打造出最完美的唇妆。那么，具体该怎么做呢？看一下下面的这两个表格，你就完全明白了。

表1：根据肤色选配口红

肤色	选配口红色系
白皙	任何颜色的口红都行，但还是建议你最好选择明亮一些的颜色。
暗黄	可选择褐红、梅红、深咖等暖色系中偏暗的红色，这样相对能让你的肤色显得白皙一些，切记不要使用浅色或含银光的口红，这样会与皮肤造成强烈对比而使肌肤显得更加暗淡无光。
蜜色	建议选择颜色鲜艳的口红，这样会产生强烈的对比效果，从而衬得你的肤色更加健康漂亮。

表2：根据妆面气质类型选配口红

妆面气质类型	选配口红色系
清纯可爱型	粉彩是独属于少女的颜色，尤其是这里面的淡雅色系，如珍珠粉红、粉橘、粉紫等颜色，更能凸显出少女的纯情与活泼。尤其是皮肤白皙的女孩，为了能够激发出青春浪漫的神采，建议你选择紫红、玫红、桃红等冷色系(带蓝色）的口红。千万不要使用色彩比较强烈的颜色或者浓艳颜色，否则会让你的清纯可爱大打折扣。
青春活泼型	平时感觉自己有些老气，为了让自己看起来更青春活泼一些，偶尔涂抹一下橘色口红吧，这样的颜色具有黄色的明亮，又有红色的热情，涂抹后热情、活跃的感觉就能营造出来了。
艳丽妖媚型	若想获得艳丽妖媚的气质姿态，需要口红来帮助你激发出冷艳、热情、性感的气质来，而大红、深莓、薰紫等颜色的口红则会最大化地展现这种气质感觉。
高雅秀丽型	如果想让自己看起来成熟优雅一些的话，可选择暖茶红、肉桂色等暖色系(带黄色）的口红。 如果想让自己看起来典雅端庄且透着古典韵味的话，可选择接近咖啡色的赭红色系口红。 如果想让自己成熟柔美且又具知性、高贵气质的话，可选择玫瑰红、紫红或棕褐色的口红。
热情奔放型	红色鲜艳而醒目，最能激发人的神采飞扬、热情奔放一面，因此如果你想让自己看起来热情奔放一些的话，就选择颜色鲜红的口红吧！

■ **使用**：可先用唇线笔描出唇线，再涂抹口红；涂口红时可用棉花棒或者口红刷蘸取口红涂抹，不要直接用口红涂抹嘴唇，这样即可以防止加深唇纹，又可以避免口红变质；涂抹口红后，再打上一层唇蜜，会让嘴唇更有质感。

唇蜜

唇蜜是一种能够修饰唇形、唇色，营造水亮效果的稍微有些稠密的液体。它的颜色一般比较淡一些，遮盖力比口红、唇彩要稍差一些，故而很少单独使用，常与口红搭配着使用，尤其适合在化淡妆、透明妆或者裸妆时使用。

■ **使用**：先涂上自己喜欢的口红，再涂一层薄薄的唇蜜。涂抹时要张开双唇，避免唇蜜在唇角处堆积。

手把手教你上妆步骤

Step 1 朱唇分区上妆要点

💗 唇角：利用遮瑕与上扬唇线，使嘴角微微上翘，打造甜美感觉。

💗 唇峰：唇峰是上唇的最高部位，可用反光塑造唇峰轮廓，使其线条更加圆润、更具饱满感。

💗 唇中：为了使双唇更圆润，可通过高光提亮来突出该部位的光泽度。

💗 下唇：为了让下唇闪闪发亮，更饱满、更具立体感，可在下唇打上高光，并在唇中部外缘描深色唇线。

💗 唇侧：为了突出朱唇的丰盈感，描画上唇侧面的轮廓线时，要饱满一些。

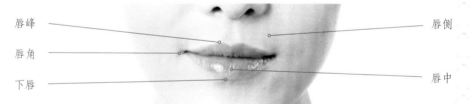

唇峰　　　　　　　　　　　　　　　　　　　　唇侧

唇角

下唇　　　　　　　　　　　　　　　　　　　　唇中

Step 2 确定自己的唇形

要画什么样的唇妆，还要看自己是什么样的唇形，根据唇形选择合适的化妆方法。具体的方法如下：

💗 上下唇均较薄：对于薄唇女孩，需要重新确定自身唇峰上方的轮廓位置，而下唇则需要贴着自身唇线的外侧描画出新的唇形，自然扩张下唇轮廓。口红的颜色建议选择偏暖一些的色系。

💗 上下唇均较厚：先涂抹遮瑕底霜来遮盖住自己原来的唇线，再用深色唇线笔内收缩描画唇线，然后涂抹偏冷的深色口红，从而达到收敛厚唇的效果。

💗 嘴唇过小：为了让嘴唇变宽变厚一些，可以先用遮瑕底霜来遮盖住自己原来的唇线，接着在自己原有唇线的外侧勾画出新的唇线，同时向外延伸嘴角的轮廓线，然后再涂抹上浅色或含亮光的口红，这样会让樱桃小口看起来大一些。

Step 3　上唇妆前先给朱唇打底

● 用指腹蘸取适量护唇霜，将其均匀地涂抹在整个唇部，并进行适当的按摩，可使护唇霜的养护因子充分滋润唇部肌肤。

● 等到护唇霜的润唇成分被双唇充分吸收后，可能嘴唇上还会存在一些多余的油脂，这时可再用纸巾轻轻地按压嘴唇将其消除，从而提升朱唇的清爽滋润感。

● 如果原本的唇色你不是很满意，可用指腹蘸取适量遮瑕膏或唇部底膏，均匀涂抹在唇部进行遮挡。

Step 4　描画上唇线

● 用唇线笔先在唇峰最高点点涂两个圆点，然后再在唇谷处点上圆点，以确定唇峰的基点，方便描画唇部上方的曲线。

● 用唇线笔勾画唇峰的边缘，再从唇峰的最高点处向唇谷方向描画，接着将两侧画的基点连接起来，注意在描画唇峰和连接基点时，左右高度要保持一致。

● 从两侧唇峰基点处，分别向唇角方向描画上唇轮廓，使唇峰与唇角连接起来，注意在描画时线条要圆润、流畅，不要有棱角。

Step 5 描画下唇线

在嘴角处空出2毫米的空距不要画，再由两侧向唇的中部分别描画，在描画的过程中要注意描画的线条要圆润、流畅，且保持左右平衡。（见右图）

Step 6 修正轮廓

整个唇线描画好后，需要用棉棒擦拭线条不均匀的部位，以调整和修饰唇部边缘的线条，使其让唇形看起来更圆润。（见右图）

Step 7 涂抹裸效立体双唇

◀ 先从下唇的唇角开始，沿下唇轮廓向唇中进行描画，注意唇角处不要涂抹过量唇膏，以免溢出唇线；接着从上唇的唇角向唇峰处描画，然后再从后唇谷向两侧唇峰描画。

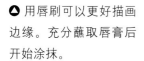

▲ 用唇刷可以更好描画边缘。充分蘸取唇膏后开始涂抹。

◀ 从唇中向两侧涂抹上唇，再从唇角向中间涂抹下唇。

画唇妆的注意事项：如果你的嘴型不是很完美，就尽量不要画唇妆了，可把化妆的重点放在眼睛上，以转移别人的视点。另外，涂抹口红、唇彩或者补唇妆时尽量不要当别人的面做，否则不仅会让对方尴尬，而且还会破坏你的优雅形象。

掌握腮红技巧，缔造自然红润气色 ♥

需要用到的上妆道具

顾名思义就是用来刷腮红粉用的，其大小介于大号余粉刷和轮廓刷之间，形状和大号余粉刷一样。一般来说，一个套刷中会配备两把腮红刷，一把用做偏暖色调的腮红的涂抹，一把用做偏冷色调腮红的涂抹。

■ **使用**：蘸取适量的腮红颜色，在手背或眼影盘中揉均匀后，在面部颧骨处以打圈的方式或斜向涂抹。注意：如果使用刷子涂一种以上的颜色，在换色之前要用纸巾把刷毛擦干净。

需要用到的化妆用品

腮红有三种类型：粉状、膏状、棒状，三种腮红打造出的效果及使用方法都是不同的。

粉状腮红

粉状腮红涂抹时会显得更柔和均匀，能更好地打造出粉嫩效果。其具体使用方法如下：

■ **建议使用大号腮红刷**：大号腮红刷能够使腮红着色更均匀，红晕更柔和，尤其是不太会化妆的女孩，更容易轻松上手。

■ **将多余的腮红粉去除**：用大号腮红刷充分蘸取腮红粉，为了避免在直接涂抹脸部时出现着色不匀的现象，可将刷头在纸巾上滑动一下，将多余的腮红粉去除。

◐ 蘸取腮红

◐ 抹去多余腮红

膏状腮红

膏状腮红具有非常棒的贴和感，所打造出来的效果会更加自然、清爽。其具体使用方法如下：

■ **在手背上调整用量**：用中指蘸取适量膏状腮红，为了避免涂抹后腮红色调不匀，可将其涂在手背上轻轻地调整用量。

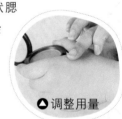

◐ 调整用量

■ **用无名指涂抹均匀**：用食指沾取腮红涂抹在脸颊处，为了避免腮红与肌色分界过于明显，用无名指在分界处轻轻地涂抹均匀。

◐ 无名指涂匀

霜状腮红棒涂抹腮红简单易操作，解决了化妆菜鸟妹们涂不好腮红的烦恼，而且用手指或粉扑都可以，如果想让腮红的效果更明显的话，可以用手指涂抹，如果想让腮红看起来更自然的话，可以用粉扑涂抹。

◎ 棒状腮红

■ **直接涂抹**：先用棒状腮红直接沿着颧骨涂抹到脸颊部位，然后再用手指轻拍涂匀。

■ **从脸颊中央向外侧涂抹**：将霜状腮红涂抹在脸颊位置，然后用手指指腹由内向外轻柔地涂抹均匀。

◎ 指腹涂匀

手把手教你上妆步骤

腮红不仅能够提升气色，而且还能修饰脸型，为妆容增彩加分，但是如果使用不当，则会惨遭"毁容"，因此掌握腮红的画法非常重要。

1.

◀ **打圆**：用腮红刷在笑肌最高的地方，以画圆圈的方式由内往外渐渐晕开，这样会让红晕更自然。这种方法适用于卡哇伊、甜美感的妆容。

2.

◀ **斜刷**：用腮红刷蘸取偏咖啡色系的腮红，由颧骨下方往太阳穴的方向，以椭圆形的方式斜着刷。这样可以让你的小脸看起来立体而具成熟感。

3.

◎ **横刷**：用腮红刷蘸取颜色较浅的腮红，沿着颧骨往外刷，会让脸看起来有膨胀感，这种方法适合瘦长脸、窄型脸的女孩。但要注意，千万要避免选择深色的腮红，否则脸颊会更显凹陷。

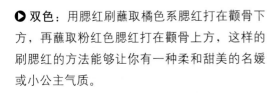

▶ **双色**：用腮红刷蘸取橘色系腮红打在颧骨下方，再蘸取粉红色腮红打在颧骨上方，这样的刷腮红的方法能够让你有一种柔和甜美的名媛或小公主气质。

4.

粉

橘

画腮红的注意事项：腮红的颜色最好与口红属同一色系，以免发生颜色冲突；擦腮红的部位上不能接近眼睛，下不能低于嘴巴或笑纹，否则会加深眼纹和唇纹，同时鼻子、额头、发际和下巴不能擦腮红，以免弄个大红脸。

根据脸型上妆，画出完美脸型

不同的脸型，上妆的方法也是不一样的，在上妆前要先了解清楚什么样的脸型应该上什么样的妆容，只有这样才能画出一个360°无死角的完美妆容，具体方法可参照下表：

脸型	化妆总则	粉底	眉毛	腮红	嘴唇
椭圆型	椭圆型的脸是比较理想的脸型，在化妆时应着重自然不加掩饰，尽量保持其完整性。	用比肤色深一号的粉底，在额头中央与下巴处打深色。	顺着眼睛把眉毛修成正弧形，眉头与内眼角齐。	先将腮红抹在颧骨最高处，然后向后向上晕开。	不加修饰，自然涂唇，除非嘴唇特别大或特别小。
长型	可利用化妆来增加面部宽阔感。	方法同椭圆形脸。	眉毛的位置不要画得过高，也不要有角，眉毛不要高翘。	先抹在颧骨的最高处与太阳穴下方所构成的曲线部位，然后向上向外抹出。注意在涂抹前端时距离鼻子要远一些。尤其是两颊下陷，看起来脸的宽度比较窄小时，可在凹陷处敷淡色粉底成光影，这样会显得丰满一些。	唇膏可以稍涂厚一些。
圆型	圆脸的女孩看起来很可爱，可以自然化妆，也可以改成理想的椭圆型。	用比肤色深一号的粉底，从耳中到下颚部位打深，尤其脸颊两侧的颜色要深一点。	眉形应为自然的弧形和带少许弯曲，但要注意不可太弯，也不能平直和起角。	为了拉长脸型，涂腮红时可从颧骨一直延伸到下颚部，如果效果不明显，可利用暗色粉底做成阴影。	部分上唇化成阔而浅的弓形，再均匀涂成圆形小嘴。

脸型	化妆总则	粉底	眉毛	腮红	嘴唇
方型	为了掩饰脸上的方角，可画柔和一些的妆容，对于两边突出的颧骨要设法掩饰。	用比肤色深一号的粉底，在额头两侧与下颚两侧打深。	眉形要修成稍微宽阔且微弯的形状，千万不要有眉角。	腮红可涂得丰满一些，同时注意用暗色粉底进行面部轮廓的改造。	
三角型	由于额部较窄而两腮大，故而整张脸看起来上小下阔，化妆可采用圆脸、四方脸的方式。	——	眉形不用过多修饰，保持原状即可。	由眼尾外方向开始抹涂，两腮应选择颜色较深的粉底来掩饰。	画唇线时尽量使唇角看起来稍向上翘。
倒三角型	其特点是上阔下尖，也就是人们常说的瓜子脸，是比较好看的脸型。	用比肤色深一号的粉底，将额头两侧较宽处打深。用比肤色浅一号的粉底，将较瘦小的下颚两侧打亮。	尽量使眉形顺着眼睛的位置，不可向上倾斜。	先将腮红涂在颧骨最高处，然后向上向后晕开。另外，对于比较宽的前额部位，可以使用颜色较深的粉底，脸的下部要用浅色的粉底。	对于下巴特别尖锐的女孩，唇膏尽量选择浅色系，这样会让下巴看起来柔和一些。

掌握了最基本的化妆手法之后，化妆是不是更得心应手了呢？好好学习这一课程的内容，你就能在化妆的道路更进一步，从而脱掉"化妆菜鸟"的帽子，向化妆达人进阶。

第17课

随TPO变妆，
快准狠画出得体妆面

女人的每一张脸都是一块充满生命力的画布，想展现一个什么样的自己，就可以画出你心里想象的那个自己，成为不折不扣的百变丽人。

——这一课你要牢记的谏言

男朋友邀请我去参加他们公司的一个聚会。

为了给他长长面子，我决定盛装出席。

当我美滋滋地进入会场，他们都惊讶地看着我。

我男朋友的脸色也非常不好，把我拉出了会场。

向我发脾气，说我怎么能画这样的妆，又浓又花，像个"夜女郎"。

我向好友哭诉我的遭遇，她劝我说，化妆也要遵循TPO规律。

化妆对于女孩子们来说，和衣食住行一样，成为最基本的生存需求之一。如果我们将女孩比作一朵花的话，那么化妆就像是一根魔法棒，念出不同的魔法咒语，就会变幻出不同的花容来，或幽幽如兰，或淡雅如菊，或清韵如梅，或妖艳如牡丹……因此，无论你想展现怎样的姿态，通过化妆都能塑造出来。但是在设定要化怎样的妆面之前，请先确定你要去的场合！化一个符合TPO（时间、地点、场合）的得体妆容，让你的美丽得到最大化的展现。

清透裸妆也精致，让自己更生活一些吧

裸妆并不是完全不化妆的意思，而是化妆后让你完全看不出痕迹，给人非常清新自然，晶莹剔透的感觉，这种妆面最受纯纯女孩们的喜欢，而且即使在职场或者正规场合，也是非常大方得体，为你加分的。

那么，裸妆应该如何画，才能让你呈现出宛若天然的无瑕美感呢？接下来就手把手教给大家描画技巧。

手把手教你学化妆图解

◀ 取适量乳液先均匀涂抹在肌肤上，使肌肤保持润泽的感觉。

◀ 用粉底刷蘸取适量粉底液，分别涂在眼睛周围、脸颊、鼻梁、下巴等部位，然后用粉底刷将其向全脸推散刷匀。

▲ 先用粉扑蘸取适量粉状的粉底，然后捏起化妆棉的两端揉搓一下，使粉底分散得更开一些，这样涂抹得更均匀。

▲ 将粉底分别涂在眼睛周围、脸颊、鼻梁、下巴等部位，然后用粉扑轻轻地将粉底均匀推散开，漫布全脸，尤其是鼻翼和嘴角肌肤偏暗的地方，扑粉时应更细心一些。

● 用腮红刷蘸取少许腮红，刷在颧骨的笑肌突出处，注意不要涂刷太明显，稍微有一点感觉就行，涂抹时要保持微笑，这样涂出来的腮红会更搭妆容效果。

● 将双眉修得有型一些，接着用眉刷蘸取比眉色浅一号的眉粉，空出眉头部分，让其保持原有眉形，从眉头后面逐渐向眉尾处轻轻涂刷，然后再在眉骨的下方刷上一点儿白色亮粉，这样会让眉毛更具立体感。

● 可用眼影刷蘸取适量浅咖啡色眼影，在眼睑部位轻轻地刷上一层，再蘸取略深一些的咖啡色眼影，刷在同样的位置上，然后再在下眼线上轻描一道淡淡的浅咖啡色眼影，最后在眉骨和眼头的位置用白色眼影进行提亮。

● 用眼线笔紧贴睫毛根部画一条细细的、若隐若现的眼线，并在眼角处向后稍微延伸拉长一点儿，这样可提亮眼神。

● 用睫毛夹先夹住根部，然后一点一点地向睫毛梢的方向夹卷，为了让睫毛呈现自然弧线，可反复多夹几次。

● 上睫毛可选用颜色深一点的睫毛膏，下睫毛可选用稍浅一点的颜色，涂抹时要一根一根地涂抹，这样会让眼睛看起来更明亮一些。

◐ 可以不用画唇线，如果唇型不是很好的话，可以选择与唇膏或唇彩颜色相近的唇线笔，勾画出符合自己心意的唇型，描画唇线时要细一些、淡一些。

◐ 可以选择光泽度比较高的透明或者粉色的唇彩，用唇刷蘸取唇彩，将唇线内的双唇填满，这样会显得气质更加优雅大方。

 人气女孩要点温习

1.画完眼线后用棉花棒将眼线轻轻晕染以下，效果会更自然。

2.T字部位容易出油，用粉扑按压上粉效果会更好一些，对于两颊、额头、鼻头、下巴等处则建议用海绵或指腹以画圆圈的方式向四周推匀。

3.裸妆的底妆以薄透、自然为佳，粉也不能上得太白了，否则会像戴着面具似的，非常不自然。

4.如果脸上有些瑕疵，可在上完底妆后，再在瑕疵部位涂抹遮瑕膏进行遮盖。

现在，对着镜子看一看吧，虽然看不出来有化妆的痕迹，但是要比素颜时的你漂亮很多吧！那么，大家都来画一个像素颜一样的裸妆吧，让你的外表和心灵都去掉装饰，把最真实的心情传达给大家吧！

画个淑女妆！让清秀、可亲的你更具吸引力 ♥

淑女妆能让女人自然而然地流露出"淑静"的气质，让你看起来清秀动人、温柔优雅，这样特质的女孩可是非常招男孩子喜欢的，俗话说"窈窕淑女，君子好逑"、"娶妻当娶贤"……相亲、联谊时，画一个淑女妆，就会让男孩子一下子产生要将你娶回家的愿望，即使在职场中，画个优雅带着知性感的淑女妆，同样能增加同事或者合作伙伴对你的信任感。在日常生活中，顶着淑女妆，就会给人很会过日子的感觉，这样一种能完美演绎女孩子优点、让女人味散发极至的妆容，谁不想画呢？赶快行动吧！如果不会画的话，跟着下面的步骤仔细学习，再娃娃型的你也能变成成熟小淑女！

◐ 先涂抹一层润肤霜进行基础的护肤，接着用粉底刷蘸取适量粉底液均匀涂刷脸部，接着用化妆刷蘸取适量橘色系的蜜粉，在脸上打上薄薄一层进行定妆，这样会使脸部看起来更粉嫩。

▲ 如果肌肤有瑕疵或者有黑眼圈，取适量遮瑕膏涂抹瑕疵或黑眼圈处进行遮掩。

▲ 用化妆刷蘸取适量修容粉，在脸部大面积涂刷，尤其是脸的边缘部分，要进行重点修容。

▲ 为了让妆容显得更加立体，可用粉底刷蘸取高光粉，打在鼻梁处。

◐ 用腮红刷先蘸取适量橘色轻轻扫在颧骨以下的笑肌处，接着再蘸适量淡粉色腮红浅浅叠加在橘色腮红上，这样会让双颊更粉嫩更有层次感。

◁ 用眉刷蘸取与头发相似颜色的眉粉，从眉头向眉梢处轻轻地涂刷，尤其是缺眉或稀疏处应注意仔细处理。

⬥ 用眼影刷蘸取淡粉色眼影，薄薄地、淡淡地涂抹在上眼皮处，注意要有似有似无的感觉。

⬥ 用眼线笔沿睫毛根部画出清晰的眼线，注意眼头和眼尾处的眼线要稍微拉长一些。用粉红色的眼影在下睫毛处描出下眼线。

⬥ 用睫毛夹先夹一下睫毛根部，再夹一下睫毛中部，最后夹一下睫毛梢，想多加几次也可以，这样睫毛会更卷翘，眼眸更具电力。

⬥ 假睫毛不要选浓密型的，尽可能选择自然型的，裁剪成合适的长度，用手捏住两端捏弯几下，然后涂上胶水，按在真睫毛根处。

⬥ 用睫毛刷按"Z"字形方式从睫毛根部开始向上涂抹，下睫毛从根部向下轻轻涂刷，最后要用睫毛梳梳理一下睫毛，使其根根分明。

⬥ 先涂抹裸粉色的唇膏来遮盖原唇色，接着再涂上一层桃红色的唇彩，使双唇更粉嫩。

1.淑女妆的腮红要低调，不要太红太妖艳，淡红色是最佳选择，橙色系也可以，会让优雅中透出阳光的味道。

2.如果面容略显疲惫的话，可用白色高光粉轻刷眼头及下睫尾部，这样能有助于提亮双眼，使眼睛看上去更有神。

3.在阴天或者下雨天时，可选择冷色调、亚光效果的或白亮一些的底妆产品，提亮肤色。

4.眼影不要太浓太艳，如果肤质和肤色很好的话，可以不用再涂眼影。

　　好了，对着镜子看看自己，是不是很有淑女范儿，即使你性格再怎么跳脱，但画了淑女妆后的你看起来仍然会给人成熟稳重、优雅知性的感觉，为了他，让自己五分钟变淑女吧！

画一个唯美甜美妆吧！让你与他的甜蜜度UP！UP！

　　桃花般的容颜，甜甜的微笑，让你看起来就像蜜糖一样，成为一眼就让男孩怦然心动的甜美少女。最近是不是很久没见男朋友了，非常想和他进行一场粉红色的约会呢？那就画个甜美的妆容吧，让他看到你，就像蜜蜂遇到花蜜一般，再也不想与你分开。那么，怎样画才能达到这样轰动的效果呢？来，跟我一起学吧！

手把手教你学化妆图解

● 首先涂抹润肤霜，滋润和保护皮肤不被化妆品伤害。

● 接下来，是上粉底，一般亚洲人的脸都比较扁平，为了看起来更立体一些，在上粉时可根据眉梢所在位置，可将整个脸分为三部分，即眉梢以内的用颜色稍微浅一些的粉底，眉梢以外用深一些的粉底，这样能起到收缩脸庞的效果。

● 用粉底刷蘸取粉底液均匀涂抹至全脸，注意两边的脸涂抹均匀，以免导致两半边脸神色不协调。

● 将粉扑打湿，使其稍微湿润，然后蘸取适量的粉扑。

● 将粉扑折合起来，稍用力揉搓一下，使粉扑上的粉更散开一些，这样涂抹时会更加均匀。

● 用粉扑仔细地涂抹粉底至全脸，用粉扑上粉可能容易出现浮粉，可用粉扑按压着上粉，或者上完粉后再轻压一遍底妆，使其更好地服帖在肌肤上。

● 上完底妆后，再用化妆刷蘸取遮瑕膏，遮盖脸部的斑点和疤痕等有瑕疵的地方，然后用手轻压遮瑕处，用手轻轻拍打使边界与周边肤色更好地融合在一起。

● 用大圆头的腮红刷蘸取粉色的腮红，以画圆圈的方式在颧骨处晕染，注意腮红涂得淡一些，以增加清纯感。

◐ 先用眼影刷蘸取金色或浅咖啡色的眼影，大面积涂刷在眼窝处，以提亮眼窝。接着蘸取灰色眼影晕染眼皮处，尤其在睫毛根部可加重颜色，使整个眼影看起来更具层次感，最后在下眼睑的尾部扫上一层淡淡的灰色眼影，并注意要能够与上眼睑的眼影融合衔接，这样金属色的眼影眼妆就完成了，可以增加浪漫气质。

🔺 选择一款偏日系一些的假睫毛，剪成适合的长度，涂上胶水，用夹子粘到真睫毛的上面。

🔺 用眼线刷蘸取灰色眼线膏，要紧贴睫毛根部描画出流畅的上下眼线，注意上眼线在眼尾处要上扬一些，下眼线的眼尾处要与上眼线自然衔接。

🔺 用眼线刷蘸取亮白色的眼影，在眼角和下眼睑前1/3处轻轻地扫上一层淡淡的眼影，以提亮眼睛。

◀ 先用唇刷蘸取裸色唇膏，均匀涂抹双唇，这样做既能遮盖唇纹又能让双唇更饱满，接着再用粉色唇彩涂抹双唇，尤其在唇部中心加重一些唇彩，这样可提亮双唇，让双唇显得更为娇俏。

🔺 用睫毛夹从根部逐步夹到梢部，夹的次数越多越能增加睫毛的卷翘感，接着涂睫毛膏，使真假睫毛巧妙地融合在一起。

　　好了，妆容画好了，看看，是不是很有甜妹范儿，而且眼睛带着那么一点点小无辜，是不是更加闪闪惹人爱呢？顶着这样的妆容去约会的话，你的那个他对你的印象分就会大幅度提升，爱情也会像加了糖一般，甜蜜度极速飙升。

1.在上底妆时，给腮边和发际线刷粉时略微一带而过即可，以免涂得过量而显得太过亮堂，让整个脸看起来有膨胀感。

2.眉毛不要画得太高挑了，这样看起来会很凶。

3.在选择假睫毛时，要选择又长又浓密的，同时用睫毛夹加强睫毛的卷曲度，又长又卷的睫毛会增加甜美度！

4.如果是出门约会的话，建议使用粉状腮红，以免约会时被汗水弄花了。

可爱娃娃妆！让你释放纯真童趣小嫩女风采

像瓷娃娃一样晶莹剔透的女孩，再配上一双眨巴眨巴的纯真的水盈盈的大眼睛，粉嫩嫩的小脸蛋，是不是很闪闪惹人爱呢？如果能再时不时地展露一下娃娃般的甜甜微笑，你的杀伤力可是连"芭比"都甘拜下风呢！同样的，如天使般的童真童趣，也会让保护欲旺盛的男孩心痒难耐呢？为了锁住你的那个他的眼球，尽情展现自己的小嫩女风采吧！

手把手教你学化妆图解

◐ 洁面后先涂抹一层隔离霜，再涂抹一层护肤霜或者BB霜，这样做能更好地上妆且使妆面更好地得到保持。

◐ 如果你的肤质很好的话，只需涂上一层隔离霜即可，不用再涂粉底，而如果你的肤质非常不好的话，则建议你先均匀涂抹一层粉底液，再涂一层粉状粉底，以遮掩你的肤质瑕疵。注意如果想提亮肤色，可在粉底液中加入晶亮乳液。

◔ 娃娃妆是不许有瑕疵的，因此完成底妆后，需要检查一下脸部，如果有黑眼圈，可用深两个色号的粉底液涂抹遮盖，如果有眼袋、鼻翼泛红和斑痘疤痕的情况，可用质地偏干一些的遮瑕膏掩盖。为了让脸部看起来闪闪发亮，可再涂上一层透明的哑光散粉，或者用带有珠光感的晶莹剔透的蜜粉进行定妆。

◔ 先用眉钳去除杂毛和倒生毛，眉毛修得要自然一些，不可过细过粗，再用眉刷蘸取棕色眉粉涂刷眉毛稀疏或短缺处。

▲ 用腮红刷蘸取粉嫩色系的腮红，也可以选择淡紫色或者糖果系腮红，保持微笑，在笑肌（脸部肌肉最凸出、颧骨最高峰的位置）上轻沾腮红，然后以画圈的方式轻刷腮红，最后用手掌摩擦腮红处，再用手掌轻压一下，让腮红更服帖。

◔ 先蘸取米色眼影大面积涂刷眼皮和眼窝，提亮眼部肤色，接着蘸取糖果色系中的粉色眼影，从眼睑处逐步向上晕染至眉毛下端1/3处，这样可以增加可爱和无辜感。

◔ 用眼线刷蘸眉粉或深色眼影，或者用深色眼线笔沿睫毛根部画眼线，上眼线在眼尾部可以向外稍微拉长一些，注意不可过长，如果是细长眼睛的女孩，就不要拉长了，否则会让眼影看起来更狭长了。沿下睫毛根部画下眼线，下眼睑中部可只画到睫毛的1/3处，而一旦到了眼尾部，则要从紧贴睫毛根部描画，眼尾部的下眼线可以画得略粗一些，越向下眼睑中部时，要逐渐变细。距离眼角1/3处可用米白色眼线提亮眼角。

◔ 用睫毛夹从睫毛根部逐步夹到睫毛梢，使睫毛看起来卷翘可爱。如果自己的睫毛不够长，可以选择睫毛长一些、浓密一些的假睫毛，裁剪适合的长度，再涂上少许粘合胶，按上假睫毛，为了让真假睫毛完全揉合，用手轻按10秒钟。最后涂上一层与眼线颜色相近的睫毛液。

1.如果是粗眉女孩，可用浅色眉笔轻轻加勾眉毛；如果是柳叶细眉，则可用深灰色眉笔修饰眉型，千万不要用黑色眉笔进行描画，否则看起来会不自然。

2.上妆前，如果肌肤比较油光，需要先用去油纸擦拭一遍再上妆，妆面会更粉嫩和通透。

3.在画眼线时，如果想看起来精神一些，可用粉色眼线笔描画眼线，且眼线尾端上扬一些；如果想看起来更加可爱亲切的话，可用白色眼线笔描画眼线，且眼线尾端下垂一些。

4.贴上假睫毛后，在眼尾处用指腹稍微按压一下，让它下垂一些。

⬤ 不需要画唇线，以免看起来艳丽，唇彩的颜色以肉粉色或桃粉色为佳，避免选择鲜艳的颜色。

娃娃妆任务执行完毕，大胆地走到他面前，向他展现不一样的你吧！相信之前一成不变的你，经过这次脱胎换骨的装嫩修炼术，一定能斩获他那颗为你而跳动的红红的炽热的心！

💚 时尚小烟熏妆，在你的性感中加入一点深邃 💚

烟熏妆，在眼窝处多以黑色为主色调，就像炭火熏烤了一般，因此又称熊猫妆，是最近几年比较流行的一种妆容，不过我们看到最多的场合多半是在参加演出或者舞会、派对时才会化，现实生活中确实极少见有女孩顶着这样的妆容。之所以出现这种情况，是因为这种妆容看起来比较夸张、张扬，故而比较内敛一些的女孩不敢画，如果是这样的话，那就太可惜了，要知道一些时尚小烟熏妆在日常生活中呈现的话，也是非常给力的！如果不相信的话，按下面的课程好好学习一下，亲自尝试一下画小烟熏妆的魅力吧！

◀ 取适量爽肤水或乳液，BB霜也可以，用指腹涂满全脸，直至被肌肤全部吸收，这样可以防止皮肤起皮。

▶ 用前面教的化底妆的方法，先画出一个完美的底妆。

● 在颧骨的最高处，也就是笑肌处涂上淡淡的腮红，提升你的气色。

● 可以先用眼影刷蘸适量白色眼影，在上眼皮处进行大面积涂刷。

● 再刷上咖啡色眼影进行深入描画，刷咖啡色眼影时同样也要大面积，但涂抹深度要从眼睑处向上逐步淡化一些。

● 接着再在睫毛根部画上黑色眼影，然后逐步向上晕染。

● 然后用晕染刷将咖啡色和黑色眼影进行融合，以免看上去太过突兀。

● 蘸取银色眼影，在眉骨的位置均匀涂刷，这样可达到提亮眉骨的效果。

◀ 接下来是下眼影的描画，用眼影刷蘸取咖啡色眼影，在眼尾处后1/3处轻轻地、淡淡地进行涂抹，接着用银色眼线笔从眼角处向后2/3处涂抹进行提亮。

⚫ 用眼线笔沿着上睫毛根部画出上眼线，下眼线要在眼尾处后1/3处描画，在末端处要与上眼线的尾端有部分重合。

⚫ 将睫毛夹夹在睫毛的根部，稍用力夹一下，再放到睫毛中部稍用力夹一下，最后放到睫毛梢处再稍用力夹一下。

⚫ 最后用"Z"字涂法涂抹睫毛膏，注意上下睫毛都要涂抹，如果戴有假睫毛的话，要用睫毛膏将真假睫毛进行融合。

 人气女孩要点温习

1.画眼线时，不要画得太粗，否则黑黑的一圈，看去来非常不干净。

2.画完眼线后可用棉棒将眼线逐渐晕开，这样看起来会更自然一些。

3.不要选择太黑的眼影，可以加入一点黄色，这样会提亮眼睛。或者多层次涂刷颜色深浅不一的同色系眼影进行重叠打造。

4.刷睫毛膏时，可以刷得又浓又翘，但注意不要过度，否则就会给人脏兮兮的感觉。

5.唇妆可以选择有厚实感的咖啡色或者香槟色，但注意不要画得过重，尤其不要选择大红大紫颜色的唇彩。

　　这样，小烟熏妆就打造完成了，看起来是不是有那么一点小妩媚和小性感呢？自己亲手画一个符合自己心意的烟熏妆，骄傲地去参加朋友的派对吧！

第18课

SOS！妆容出问题了，快来补救，拯救浪漫约会吧

对于女人来说，失败的妆容，是不可想象的灾难，即使是再美的女神，也会将你拉下神坛，成为惊吓众人的"鬼脸僵尸"。

——这一课你要牢记的谏言

今天要和男朋友进行一场浪漫的约会。

我精心地给自己化了一个漂亮的妆容。

当男朋友看到我时，眼里流露出一抹惊艳，并毫不吝啬地夸赞我真漂亮。

天气很热，汗一直不停地流，不一会儿，我就看到男朋友一脸惊愕地看着我。

我拿出镜子一看，惊呼：妈呀！好丑！

感觉好尴尬，急忙跑去洗手间打理！

女孩子总是希望在喜欢的男孩面前展现自己最好的一面，精雕细刻的妆容，靓丽抢眼的装扮，只为能吸引到他的眼球。但有时候往往会事与愿违，比如在炎热的夏天，大汗淋漓，汗水很可能会冲掉你精心绘制的妆容，另外女人是水做的，遇到不顺心的事情，就会抹眼泪，结果妆就会被哭花，这时的你，是非常恐怖的，如果让心仪的男孩子看到，很可能就会毁掉你们的大好姻缘……那么，当我们的妆容出现问题时，应该怎样进行急救，如何快速恢复美丽容颜呢？

你会经常遇上哪些让人头痛的妆容问题 ♥

妆容未好，急着出门

出门的时候，不经意间照到汽车后视镜或者橱窗里，才发现自己的妆容眼线没有涂均匀，脸上的颜色和脖子的颜色相差太明显，好假。

建议美眉出门的时候还是小心一点，最好在走之前全方位地审视自己一番，特别是脖子、下巴、耳朵这些和脸在一起的部位哦！

天气太热，直接花妆

夏天女孩子出门总是穿的清爽，但是如果碰到了艳阳高照，加上自己喜欢出汗，脸上的妆容，自然是一会儿就要花掉了！

建议避免太热的天气出门，如果是重要的约会，最好坐车或者乘地铁，有车的话自己开车去，尽量避免出汗。

皮肤太油，化妆品HOLD不住

油性皮肤的女孩最头疼了，脸上的出油让粉底看起来特别奇怪，有时候还会不自觉地把眼睛的妆搞花，妆容非常不容易维持。

建议女孩买适合油性肤质的化妆品，一般高质量的化妆品比较透气，也不会给本来负担就很重的皮肤再次增加负担。

哭了，妆冲花了

如果真的哭得眼泪都出来了，眼妆花掉的可能性相当大，因此喜欢哭鼻子的女孩子最好不要画太多眼妆。如果实在控制不住地想要哭，建议找个阴暗的角落或者卫生间尽情大哭，哭过之后就地补妆就可以了。如果你本身不是容易激动的人，非常理性，即使是想哭，也只是湿润一下眼睛而已，那么建议你准备好纸巾，小心地擦拭眼泪即可。

SOS！拯救妆容大行动

化妆时先做好脱妆预防

脱妆可以在任何时间任何地点发生。所以，谁也不能完完全全地控制妆容问题不会发生。但是如果在化妆前，做到下面说的几条，会让你的脱妆几率大大减小哦！

♥ **用好的化妆品。** 化妆品多数是化学物品，对皮肤细胞有一定的杀伤力，高品质的化妆品对皮肤的损害较低，所以大街上那些十块八块钱的便宜化妆品不要考虑，一定要选择具有品牌号召力的化妆品，同时还要注意眼线液要用防水防晕染的，粉底要选择透气超薄的。

♥ **细致化妆，做精致女人。** 如果睫毛粘得不牢固，眉毛也没有一根根画细致，不但近观细看会大煞风景，而且还容易在众人面前脱妆而导致出糗，所以出门前的化妆工作一定要细致。

♥ **随身带化妆包。** 出门前将各种粉底、唇彩、眼线液等常用化妆品先放在化妆包里，出门时一起放入包包里带走，这样在出席重要场合时，碰到脱妆问题，就会帮你大忙！

妆容大补救实战备忘录

出汗和出油让底妆糊掉了

首先用化妆棉蘸上化妆水，或用乳液把糊掉的粉底彻底擦掉，然后打开自己的便携化妆包，拿出粉底轻轻涂在要补妆的部位，也可以用乳霜型的粉底液。如果你是油性皮肤，为了避免出油太多导致妆容花掉，可在上妆前先涂上一层控油护肤品，这样底妆才不容易糊掉。

变成花猫脸，整个脸全部花掉了

上妆时间久，或者因为天气炎热而花掉的妆，很容易让你成为"花猫脸"。这时候可以给全脸喷上一层保湿喷雾，然后拿面纸轻轻地把脸部的水分吸干净，随后用粉饼调整底妆，有明显瑕疵的地方要重点注意。如果身上没带补底妆的产品，那么可以在唇部涂上亮丽的唇彩，并且把花掉的妆给擦去，这样别人在看到你时，就会把目光放在唇部上。

脸在太阳下太亮了

高光粉的确不好涂，因为它的亮色颗粒太小，不容易掌握。本来要做成加高鼻梁的感觉，没想到打完后才发现，高光粉在阳光下让整个脸都是亮色的，看起来特别俗气！碰到这种情况时，可用乳液涂在高光粉太亮的地方，用面巾纸擦掉，然后再把妆补好，这样就会稍微好点。

眉毛颜色怎么怪怪的

有时候出门前会发现：咦？眉毛的颜色怎么看起来怪怪的？这是因为你在画眉的时候没注意到你的发色，导致两者的颜色相冲突，所以看起来才会感觉很怪异。

那么，出现这种情况该怎么办呢？首先擦去之前画的眉色，再画上与头发的自然颜色保持一致的眉色，如果发现自己的眉毛描得太重的话，可用面巾纸稍稍的擦拭一下，这样看起来就会自然多了。

眼影一不小心花了

当发现眼影花了的时候，可用手指指腹把眼影擦去，然后用浅色的眼影打个底，随后涂上你想要的颜色。注意哦，要一点点的来，慢慢补妆，不要眼影妆没补好，又把睫毛弄得不好看了。下边眼影的部分，可以用棉棒蘸取少量眼部卸妆油慢慢擦拭，然后涂上遮瑕膏，最后慢慢地上色彩。

涂了防水眼线，不过还是花了

涂了防水眼线，碰上坏天气睫毛没事，防水眼线却花掉了。建议用棉棒蘸取防晒乳霜，然后小心地把花掉的部分涂掉，再用眼线笔重新画一个上去。

突然发现手肘、膝盖变黑了

穿上漂亮的连衣裙时，可能会突然发现：咦？手肘和膝盖怎么黑黑的？出现这种情况先不用怕，只需要在发黑部位涂上洗手液或者香皂的泡沫，按摩一会儿，然后涂上一点粉，和周围的肤色调配均匀即可。

睫毛膏干了竟然打结了，而且粘到一起

睫毛打结多半是因为睫毛膏涂

得太多致使睫毛粘在了一起。出现这种情况时，要先把所有的睫毛膏统统都擦掉，但记住，一定要用棉棒一根根擦掉，而不是再涂上一层！擦掉之后，再薄薄地涂上一层就好了。

腮红涂得过多

本来觉得自己的妆挺好看的，但是到聚会的现场才知道自己腮红涂的太多。这时候要做的，就是用保湿喷雾喷湿全脸，接着用海绵按压涂有腮红的地方，然后涂上少量的粉在腮红周围的位置，把多余的色彩擦掉。

腮红要涂得有分寸。

好了，各种可能遇到的"毁容"问题都介绍了补救之法，现在再出门是不是有底气多了？什么脱妆，什么花妆，统统不怕，掌握了今天的课程知识，相信你一定会知道怎么维护自己的"面子"，让自己永远保持靓丽。

演绎时尚发型潮流，
巧妙百变造型迷花他的眼

女生的小马依人，可以激发男孩子的保护欲，开始修炼吧，女孩！
三千丝发，万千造型，创意无限，任由心动，我的情丽美感"从头而悦"。

——这一课你要牢记的谏言

我有一头如丝绸般令人羡慕的长发，我也非常喜欢我的头发。

你真像村姑！

但我并不擅长打理我的头发，常常会简单地辫成两根又粗又长的辫子，常被别人嘲笑：像村姑！

一次不小心摔倒，一个男孩伸出手将我拉起来！

从此我喜欢上了他，可是他对我似乎没什么印象。

好友说我长得的确有些大众化，很难吸引到男孩的眼球，她建议我在头发上多做文章，说不定能让他惊艳一把。

当我顶着充满潮流感的发型出现在他面前时，我明显看到他眼冒红心。

很多女孩认为自己的头发就是"三千烦恼丝"，每天起床的第一件事情就是要不耐其烦地打理它，甚至挠破脑袋地在想：今天该梳一个什么样的发型呢？有的懒女孩为了换得一身轻，逍遥又自得，不惜挥剪斩断三千烦恼丝，这种对自己够狠的做法，是不可取的！尤其是有喜爱长发男朋友的女孩，你剪去的也许不仅仅是你的烦恼丝，也可能挥剪下去，"咔嚓"一声，也剪去了你男朋友当初的那份怦然心动。那么长发女孩应该怎样打理自己的头发呢？应该怎样弄一个完美的发型配合自己今天的style呢？赶快进入下面的课程吧！

制定发型前，先了解发型与脸型的匹配度

很多女孩，总是对发型师说："给我做个什么样什么样的发型"，但做出来后，却往往达不到自己想要的效果，甚至是完全失败的发型，究其原因，你只是一味地追求发型的潮流，而忽略自己本身所具备的特质，特别是发型与脸型有着密切的关系，应根据自己的脸型打造相匹配的发型，那么具体该怎么做？应该遵照怎样的原则呢？

对号入座，寻找相匹配的脸型

脸型基本分为圆脸、方脸、三角脸、长脸四种类型，如果你想象不出这四种脸型是什么样的，可参见下图。

配合不同的脸型有不同的小脸发型，要让脸看起来小的诀窍都是用发型让脸的整体看起来是菱形。

● 如果你是方脸脸型，要遮盖住脸的菱角。

● 建议在脸的下方用大量蓬松的头发加以遮盖。

⚫ 顺便提一下，圆脸变小脸的诀窍是要把发量集中到中间，使整个脸看起来是菱形的。

⚫ 三角脸的话，要点是把头顶的发量分散到脸的四周，把整个脸的印象加宽。

⚫ 如果是长脸型的话，为了把额头遮盖起来，留上刘海吧！窍门是要把放下来的头发在左右分开呈圆形。

根据发质，打造适合你的发型

除了脸型决定发型外，发质也起着关键作用，符合发质的发型会看起来服帖、自然，能轻松打理出完美的"顶上"风采。那么，应该怎样进行成功的匹配呢？具体可参照下表：

发质	推荐发型	发型特点	推荐女孩	打理方法
柔软的头发	闲适的自然卷发。	随意、自然。	魅力型女孩。	洗发后将头发吹干，用卷发钳稍做造型即可。
自然的卷发	长发大卷。	柔美、性感、成熟。	时尚都会型女生。	洗发后喷啫喱水定型或卷大花杠吹干后拆除。
服帖的头发	短碎发，后面发根处打薄，隐约显示出颈部线条。	干练有活力。	率真可爱型女生。	洗发后喷啫喱水简单梳理成型。
直而硬的头发	微烫一下，使头发略带波浪，显得蓬松自然。	动感、青春、活力。	感性外向型女生。	喷少量定型液，将头发抓乱，使之外翘。
细而少的头发	将头发梳成发髻，可在头顶、脑后、后颈处。	华美、浪漫。	亲和温柔型女生。	洗发后喷啫喱水定型或用卷发器微卷。

演绎时尚发型潮流，助你桃花朵朵开 ❤

清爽半高发型——塑造端庄娴静和风美人

❤ 使用工具：电磁卷发棒，发夹一只、黑橡皮筋一只、带花饰的发卡。
❤ 操作步骤：

◀ 首先用电磁卷发棒一缕一缕地卷成大卷。

◀ 整理好耳上的头发，拢起来，注意刘海要保留下来。

▲ 在后脑上方用橡皮筋扎成辫子。

▲ 用一只手按压着橡皮筋，一只手抽出少许头顶中央的头发，让头顶的头发蓬松，提高头发的高度。

◀ 从扎好的头发中取出一束发束，绕着皮筋卷好，将橡皮筋隐藏起来，然后用发夹将那一束发的发尾固定起来。

背面

正面

▲ 最后，再将带花饰的发卡别在发束上进行装饰。

清爽丸子头——塑造成甜美可人的小公主形象

🍂 使用工具：黑色皮筋一只，黑色发卡多个，头花一个。

🍂 操作步骤：

◀ 把头发稍微向前低下来一些，把所有的头发都拢向头顶，用橡皮筋扎一个很高的马尾固定在头顶的位置。

⬤ 将马尾分成两股，将两股头发以交叉缠绕的方式编发，如果头发比较少的话，可以用手将头发捏松一些。

⬤ 一只手固定在马尾根部，一只手捏住编发马尾的尾端，绕着马尾根部在头顶上盘圈。

◀ 等盘成一个饱满的丸子头后，用发卡在松垮的位置固定好。

▶ 如果是要出去约会的话，可在丸子的侧面别上一个头花，可增加你的甜美度！

传统双马尾改造——轻飘飘的卷马尾

　　以前那种让人感觉老土的传统双马尾发型，只需稍加点缀，就能神奇变身人气女生！下面就为大家传授几招这方面的技巧！

🍂 使用工具：电磁卷发棒，皮筋2只，头花2只。

🍂 操作步骤：

◀ 先准备好卷发棒，或者电磁卷发棒。

▶ 接着将头发按传统的方式扎两个马尾。

◀ 这里以卷发棒为例示范大家改造之法：将电磁卷发棒插上电源，烧热一会儿，然后分出一绺头发，缠绕在卷发棒上，停留一会儿后散开，以同样的方法将马尾一绺一绺地卷起来。

🔺 全部卷过后，用手梳一下，使每一绺卷发揉合在一起。这样像洋娃娃般的卷马尾就打造完成啦！

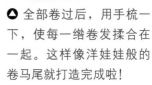

◀ 如果在马尾上再绑上向日葵花发饰，会让你既可爱又活力四射！

◀ 轻飘飘的卷马尾跟公主裙超级搭配哦！看，只是这样简单的改造，超人气发型就诞生了。

打造韩剧女主角发型，让浪漫风情随发而动

蓬松大卷发——塑造风情妩媚性感女郎

🌸 使用道具：大的发卡多个、电磁卷发棒。

🌸 操作步骤：

将电磁卷发棒插上电源，加热一会儿，接着取一束头发缠在卷发棒上，停留一会儿，再取下头发，然后再取一束头发缠上，如此反复，直至所有的头发都卷遍。注意在卷发的时候不同的位置缠绕的方向是不同的，两侧的头发从根部开始向外侧卷，其他的顺时针缠绕就行。另外，还要注意缠绕头发时不要烫着了手。

这种发型不只是韩剧里经常出现，而是几乎所有的影视剧里都会出现的经典不衰的发型，自己尝试着也卷一个大波浪卷吧，展现你平时不曾展现过的性感妩媚之风情。

松散顽皮两股辫——塑造麻辣淘气的可爱女孩

🌸 使用工具：电磁卷发棒，皮筋2只，发卡2只。

🌸 操作方法：

1.将头发四六分，顺着分的头发，分别从头顶向头的两侧方向编发，用发卡分别夹住辫子的发尾，以免散掉。

2.接着将后面的头发均分，将夹住辫子的卡子去掉，与另一股头发扎在一起，另一边也做相同的操作，这样形成了两个马尾，再将头顶、头两侧的头发捏松。

3.用电磁卷发棒一束一束地将马尾卷成大的波浪卷，最后喷上发胶定型就可以了。

看看，松散的两股辫是不是让你看起来顽皮却不失可爱，活泼中又掺杂着些许麻辣味呢？

如果想让自己看起来淑女一些的话，还可以将两条马尾向后扎在一起，从下方将头发从空隙中掏过来，可以完全掏过来，变成独个低马尾，也可以留一半或以上的头发在上面。

俏丽妩媚歪歪辫——塑造人见人爱的俏姑娘

❧ 使用工具：电磁卷发棒，皮筋1只。

❧ 操作方法：

先用电磁卷发棒卷松头顶位置的头发，圆脸的女孩，尽量让头顶变得蓬松一些，以拉长脸型。将所有的头发聚拢在后脑勺，向左侧或者右侧稍微偏一些，鬓角处或者太阳穴的位置留一些头发，然后用皮筋将辫子扎起来，这样歪歪的马尾就完成了。喜欢直发的女孩做到这个程度就行了，而喜欢蓬松感或者卷发的女孩，还可以用卷发棒将马尾一束一束地卷蓬松了。

 人气女孩要点温习

1.在制定发型之前，要先确定自己的脸型、发质是什么样子的，然后再制定相应的合适的发型。

2.不同的发型能打造出不同的气质，看看今天的心情、今天要去的场合以及今天的着装，制定出符合TPO的发型吧。

3.韩剧里的女主角，美丽得像天使与精灵，参照她们的发型，你也能像她们一样美丽惊人。

4.在制定发型前，先准备好所需要的道具，别到时候在制作的过程中手忙脚乱地到处找东西，甚至因找不到需要的东西而导致造型失败，这会影响你一天的心情。

第20课

小物件、小发饰魔法大变身，让你如施魔法般美丽

别小看美丽漂亮的小物件，它可能会为你的美丽装扮更添光彩。

——这一课你要牢记的谏言

有一天，男朋友送了一个带有漂亮装饰的发饰给我，说我的头发很美，应该学会打理。

由于比较懒，我经常习惯性地披散着头发，乱七八糟的头发常常会遮住我的真面目。

我让他拿着镜子，当着他的面高兴地用发饰束了一个发型。

他看了非常高兴，并帮我将漂亮的装饰摆正，看着那么体贴的他，我好幸福呀！

他也满意地看着我，直夸我漂亮呢！

就像首饰盒一样，每个女孩也应该拥有一个发饰盒，几朵鲜艳的花饰、几个款式不一的蝴蝶结、几根彩色的发带、几个镶嵌着闪钻的发卡……哪怕再不流行、再不别致的发型，别上一个发饰，你的气质就会瞬间发生改变。而且你可别看小小的发饰，稍稍动动手脚，略作改动一下，就能带来意外惊喜，让你展现不一样的风采。现在，你是不是也迫不及待地想戴上发饰试试看呢？那么，先要掌握佩戴它们的魅力技巧哟！

❤ 掌握发饰佩戴法则，演绎桃花滚滚来 ❤

佩戴发饰要遵循一定的佩戴法则，脸型、发型、服饰、气质都决定着你佩戴什么样发饰合，如果不遵循任何规则地胡乱佩戴，不仅不能为你的形象加分，甚至还有可能扣分，那么到底应该遵循怎样的法则呢？

恬淡素雅的柔美淑女：简单朴素发饰

淑女风的女孩，可以说是人见人爱。在装扮淑女时需注意头饰不要戴得太多太奢华，以免给人累赘和物质的感觉，可以戴一些设计简单，材质为麻质的发饰，穿戴淡色系的线织衣物，这样的你看起来特有温和、恬静的女人韵味。

发饰款式众多，需根据自己的形象搭配。

清纯可爱的邻家女孩：大号发饰

清纯可爱的邻家女孩最经典的发型就是丸子头，但孤零零的丸子头耸立在头顶怎么看都缺少那么一点韵味，而且几乎所有的头发都盘了起来，整个脸就露了出来，相应地脸型缺陷也就呈现了出来，此时可挑选大一号的可爱发饰别在发髻旁偏上的位置，不仅能增加青春靓丽度，并在视觉上修饰脸型。再搭配上轻松、舒适的衣服，肯定能增加你的活泼感！

如果你有一头蓬松的大波浪长卷发，可以佩戴大号花朵或蝴蝶结，会让你看起来既清爽甜美又不夸张，但要注意如果是长直发就不要戴任何大发饰了，否则会显得生硬而累赘。

知性职业女孩：简洁低调色系发饰

虽然职业女孩给人知性智慧的感觉，但也会因为呆板严肃而减分，那么怎样才能让自己充满知性美的同时，还能体现迷人伶俐的一面呢？首先应选择深色的简约的素雅的发饰，注意发饰不要装扮太多，以塑造一种干净利落的形象。如果是一身的黑色职业装的话，建议佩戴稍微带点纹路的同色系发饰，以固定散落下来的多余头发，从而打造出甜美的知性感。

性感妩媚女孩：皮质发夹

如果你有性感妩媚的身材，那就穿上一身能展现你这一特质的服饰吧，同时将头发用电磁卷发棒卷成大的波浪卷发吧！你可以让所有的头发散落下来，也可以盘起来，戴上亮泽的皮质发饰亦或是毛绒发饰，这样会给你的性感大大加分！

高雅、神秘、圣洁的神女：夸张的布质、纱质花朵发饰

如果你想让自己看起来高贵而且充满神秘、圣洁感，就需要塑造出一种神仙妹妹的形象来，一般纱质、麻质或是毛质的柔软衣料会有一种轻飘飘随风起舞的感觉，尤其是清新纱裙会让飘逸感更甚，款式上应选低领口的、能够露出脖颈的衣服，不要穿高领衣衫，以免显得太过笨拙。当然你也可以穿田园风格的碎花裙衣，会让你犹如花仙子一般。再在乌黑的秀发上佩戴夸张的纱质花朵发饰，会让你的飘渺感更加出挑。如果你的额头比较宽的话，也可以在额前绑上一根金属质感或是麻布质感的细带。

青春可爱小女生：可爱小发饰

尽管年龄不算很大，但也只剩青春的尾巴了，为了抓住仅剩的那点青春气息，戴上可爱一些的小发饰吧，比如造型QQ的糖果球发绳、发卡上的小向日葵花等。如果是上班族，为了不显得过于幼稚，可以选择既能减龄又不招摇的黑白灰发饰，佩戴时可稍微歪一点，会更可爱。

晚宴女王：奢侈发饰

你是否经常会为出席晚宴不知怎样装扮而发愁？你是不是每次参加晚宴都想像女王一样成为全场的焦点？当然要成为女王，奢侈品是必不可少的，但奢侈品的选择要符合你的着装风格，如果你穿的礼服是高贵华丽面料的，推荐你佩戴金属质感、水晶、钻石等比较夺目的发饰，如果你穿的衣服是小巧毛质的，佩戴上毛茸茸的可爱饰品，同样能让你闪爆大家的眼球。

戴上向日葵花饰会增加可爱度哟！

当然，还有很多其他类型的发饰装扮，在这里就不一一介绍了，女孩们，上面的内容是不是已经足够让你震撼了，赶快和大家一起试着佩戴一些不同类型的发饰吧！

巧花心思，用小发夹别出美丽花样 ♥

女孩子整理头发时绝对需要的小物件——小发夹。可以将其排列成多种形状，增加美感。

● 将带有色彩的小发夹进行可爱变身。

● 小发夹的组合：将涂有颜色的可爱的小发夹一根一根地加以组合，可以是"十"字形状排列。

也可以把额发向后呈十字形别起来，就变成了清爽的高卷式发型。

晨起头发乱了，用小发夹来镇压 ♥

对于头发稍微短一点的女孩，睡觉起来，头发很容易乱，甚至会翘起来，怎么弄也弄不好，出现这种情况，不用怕，让我来教你吧！

● 短头发的女孩，经常准备一瓶润发香雾。

● 在翘起的头发上均匀地喷洒。

● 用发夹来固定的话，效果也很不错！

也可以用温暖的湿毛巾把头发压一压，也有一定的效果！

现在，看看你头上的发饰，是不是让你一下子就变得不一样了？所以，别再小看这些小小的发饰了，利用它们对自己进行魔法改造吧！

Part 3

美丽装扮篇

量身打造属于你的装扮方程式

　　俗话说"人靠衣服，马靠鞍"，衣服之于女人来说，是永远都不会嫌多的！女孩天生就是衣饰的买家，不信的话，可以打开女孩的衣橱，几乎都会发现满满当当的。对于女孩来说每一件衣服、每一个饰品、每一个包包、每一双鞋子，都是自己最值得骄傲的置业，但是，你真的会装扮自己吗？你的装扮真的给自己加分了吗？本书的第三部分将提供给你一些搭配示范，从中对号入座吧！

在一直下雨的星期天里，也能让自己展现独特的美

俯作一点，天不怕地不怕的小女孩，一次的失败算什么，重要的是从中磨炼自己，然后绽放光彩，就是这样，慢慢来没关系，超人气不是一天练成的，必须每天努力，不为别人，哪怕吧，为了让自己更喜爱自己。

——这一课你要牢记的谏言

我还买了很多好看的衣服，准备约会时穿着给他看。

昨天和男朋友约好出去玩，我对此非常期待。

可是今天一早雨就下个不停。

真是好烦呀，上一次就是因为下雨，好好的野餐约会就被雨淋得好狼狈。

难道要取消约会吗？可是他每天都好忙，取消的话，又不知什么时候能再约会了。

可是，怎样才能即使下雨也能好好地玩呢？真是好烦啊！

很多女孩都非常不喜欢雨天，一是因为灰蒙蒙的潮湿天气会让人心情烦闷；二是怕一身美丽的装扮一不小心被雨水给糟蹋了；三是担心好不容易敲定的约会，因下雨而搁浅；四是担心难看的雨具遮住一身的风华……种种原因都导致女孩非常讨厌雨天，尤其是遇到绵绵不绝的梅雨季节，每天都湿哒哒的，是否感觉心情非常沉闷不爽，特别渴望见到光彩，渴望那光芒四射的耀眼的太阳公公能重现天日，可是天意如此，非人力所能改变，该怎么办呢？

你真的那么担心吗？其实完全不用为此而烦恼，你所担心的老土的雨具早就out了，现在的雨具时尚，而且还别具个性，同时随着女孩对美丽的无限追求，越来越多的雨天装饰层出不穷，帮你从沉闷的天气中跳脱出来，并让你在阴霾密布的雨季里做个不折不扣的雨中美人，进而点亮心中那处灰色心情。

所以，遇到雨天，你完全不用担心你的约会会泡汤，只要你有想要美丽的决心，这些都无法阻挠你！而且说不定雨天还能够造就更美好的约会哟！

选择最喜欢的雨天服饰 ♥

在雨天，雨衣、雨伞、雨鞋、雨靴自然是必不可少的装备，在我们追求实用性的同时，时尚靓丽也是我们渴望拥有的。那么对于雨天服饰，爱美的女孩们具体应该怎样选择呢？

各式各款的雨衣

雨衣有很多款式，比如斗篷式、外套式、连帽风衣式、披风式、透明式等，花纹也都别具一格，比如条纹款的、格子款的、雨滴款的等，现在，有很多设计可爱、彩色鲜艳的雨鞋、雨靴、雨衣之类的款式，鲜亮的颜色能使心情随之明快，即使不打雨伞，直接戴上雨帽，防水也是没有问题的，完全能满足你百变的搭配需求。

长款　　　　短款　　　　中长披风

富有创意的伞具

　　雨伞是每个女孩都必须要配备的，它不仅雨天能够挡雨，而且晴天还可以遮阳，对于爱美的女孩，更为重要的是，还能增加你的美丽指数。但在这里有一个前提，在选择雨伞时绝对不能马虎，必须选择一个时尚且别致的雨伞，尤其是那些能给人留下深刻印象的创意雨伞，不仅图案丰富，而且形状也很有新意，也可以自己DIY一些对自己有意义的图案，比如和男朋友在一起的Q图案、特别有纪念意义的物件，直接喷在雨伞上，是不是充满浓浓爱意呢？尤其是你和男朋友一起在伞下时，是不是有更多的粉红爱意弥漫在伞下那方寸之间呢？同时，也让下雨变得更有情趣了。

   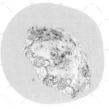

别具一格的雨靴、雨鞋

　　雨靴也是下雨天必要的装备之一，一说到雨靴、雨鞋，可能很多人都会想到传统的邋遢的橡胶套鞋，如果你还认为现代的雨靴、雨鞋是这样的，那你就真的被时尚潮流拍在了沙滩上了，要知道雨靴、雨鞋也搭乘着复古风潮重回到了时尚的大舞台上了，成为潮品，大受时尚界的追捧。现在的雨靴、雨鞋不仅设计更潮、款式更多，而且颜色也更加鲜艳，上面的图案也五花八门，比如豹纹、斑马纹、蟒蛇纹等动物纹图案以各色面目"爬"上了或高或低的鞋帮，一些色块拼接、波普图案、波西米亚风格，高跟、坡跟、绑带设计等不甘示弱地尽情展现，尤其是如童话般缤纷的糖果色雨靴、雨鞋，在视觉上给人缤纷多彩的感觉，再搭配蝴蝶结、小碎花等装饰后，时尚指数更是直线上升，让你看起来既甜美又靓丽。

　　你可以想象一下，在仓皇奔跑的躲雨的人群中，一个时尚小美女，穿着一双抢眼的小雨靴，淡定地走在下雨的街头，或者欢快地踩着流淌的雨水，那将是怎样的一幅风景，光想想，都唯美得令人心跳加速。

不可缺少的雨天专用包——透明包包

女人是离不开包包的，那么下雨天该怎么办呢？背平时用的包很容易被淋湿，在这里给大家推荐下雨天再适合不过的透明包包，其材质一般是由合成树脂和塑胶构成，具有很强的防水功能，这样即使雨下得再大，也不怕包包被雨水淋湿。再加上其全透视的视觉冲击，给人时尚又清凉的感觉，尤其是现在伴随着糖果色的流行，一些特别的款式，还常常用波点、卡通等流行元素进行装饰，更成为时尚潮流达人的最爱。

雨天浪漫装扮要点，要牢记哟

雨天的氛围会变得幽静、有意境，想象一下，在影视剧中，你是否也看到过很多雨中的唯美浪漫场面。如果你将自己的约会场景想象成这样，心情是不是就不一样了，而且会有一种"在如此浪漫的雨天，不出去约会实在太浪费了"的感觉。在出去浪漫前，先了解一下浪漫雨天装扮要点吧！

💙 要点一：如果是在夏天，短裤或短裙则是不可缺少的，否则，如果穿上长裤或者长裙的话，裤腿或者裙子的下摆会很容易被雨水溅湿。如果下面穿高筒雨靴的话，更要避免搭配肥腿裤，否则很可能会让你看起来像渔夫。而短裤或短裙则没有这方面的困扰。上身再穿上很简单的单色打底T恤，外搭一件轻薄遮臀的披肩或外套，再搭配上帽子和小包，配上糖果色塑胶高跟或坡跟鞋，撑一把小伞，这样的你看起来就像一个雨中精灵。

💙 要点二：如果你平时就是一个很喜欢中性装扮的女孩，在雨天你同样可以保持你的中性风格，比如上身穿一件基本款T恤，下身搭配军绿五分裤或牛仔短裤，脚蹬一双中筒雨靴，再打上一把伞，这样就可以了。怎么样，很简单吧！

选能衬托出肤色的伞具。

💙 要点三：如果是打雨伞的话，一定要注意选择能够衬自己肤色的颜色，这样撑开就能映出明快的脸色，更能增加人气！

💙 要点四：在雨天，由于天气是灰蒙蒙的，因此服饰的颜色很重要，千万不要因为怕雨水溅脏衣服就只选择黑色，否则会让你看起来和天气一样晦暗不出彩，建议选择比较明亮鲜艳的颜色，不要担心驾驭不了夸张的色彩，在雨天里，颜色越艳丽，越能吸引人们的眼球，同时还能为湿漉漉的心情带来一抹阳光，心情很快就会好起来。

💧 要点五：如果是穿雨衣的话，在这里，建议大家选择能够衬托场景的图案，尤其推荐带有雨滴图案的雨衣，不仅应时应景，而且根据水滴的大小和颜色的不同，风格也会随之改变。另外，还应注意，在穿雨衣时不要让雨衣遮住整个身体，否则会让人感觉像蚕蛹一样，没有线条的美感。

💧 要点六：雨天，妆容很容易花，所以在雨天外出时建议用具有防水功能的化妆品进行化妆，虽然这样可能会在卸妆的时候比较麻烦，但总比用非防水功能的化妆品造成被雨水或者被湿气弄花妆后变成熊猫眼强吧！

雨衣也能穿出时尚来。

雨天发型梳理要点 ♥

雨天，由于空气潮湿，很容易让你本来引以为傲的发型瞬间扁塌变形，惨不忍睹，可见，雨天出门，梳理一个什么样的发型非常重要，下面给大家介绍几种适合雨天的发型。

◆ 将头发束起来

由于雨天湿气重，头发易散开分叉，不易打理，这时候可以使用发圈，将头发束起来，再配上发箍，还能束起刘海的碎发，这样看起来既简单又清爽。

◆ 手编式盘发

将头发平均分成三个区，分别从头顶向下按编三股辫的方法逐步编成三个辫子，然后盘在脑后，配上发箍。

◆ 活泼的丸子头

在脑后或头顶挽一个简单的丸子头，会给人清新简洁的感觉，非常有下雨的味道。

从土气女孩变身质朴人气女孩

虽然说女孩的外貌就是一切，受欢迎是被上天选中的人才有的特权，但是你要相信，所谓的美丽都是永远与自己斗争，与他人无关，所以说无论哪个人都能变得漂亮哟！

——这一课你要牢记的谏言

我是从小地方出来的女孩子，费尽千辛万苦，考进大城市的高校，成为一名大学生！

这里的女孩个个装扮如花，时尚优雅，而我却土里土气，夹在她们中间，像一株碍眼的狗尾巴草，为此我很自卑！

更让人伤心的是，我还遭到坏男孩的嘲笑。

有一次，他们正在欺负我，一个男孩恰好路过，帮我赶跑了他们！

我向他哭诉了我的遭遇和我的心里的自卑，他安慰我，并鼓励我说：女孩是不断重生的代名词，相信下一次见到我，你一定会是另一番摸样！

我期待着与他能够再次相见，因为自从上次他救过我，每次想起他都会有一股莫名的心动，我知道我喜欢上了他，为了能够配得上他，我决定执行我的涅槃重生任务。

对于爱美的女孩来说，最怕别人说的话就是：你真土、你是哪来的村姑、你真是土得掉渣……相信不少女孩听到这样的话，心里会很不舒服，为了不让自己有这样的评价，往往拼命将自己打扮得很妖娆，结果反而有点矫枉过正了，又不幸获得"狐狸精"、"夜女郎"的称呼。那么，到底该怎么办呢？对于从小就具有乡野气息、或者本身有点保守的女孩来说，不妨往质朴的装扮上发展，这样可能更合乎你的气质，如果你还是比较迷茫，不知所措，那就好好学习一下下面的课程吧！

用延长线完美表现身材任务

有些女孩可能对自己的身高不是很满意，总嫌自己有点矮，那么该怎样着装，才能掩盖这种缺点呢？最直接有效的方法是增加自己的延长线。那么，具体该如何做呢？

首先是穿加长的连衣裙，注意不要太长，到脚的上面即可。

如果是礼服或者长裙的话，也可以在腰部搭配一套花朵腰带，在给人质朴的感觉的同时，还会流淌出一丝雅致。

如果是秋天的话，可以穿长袖的棉质长裙，为了体现完美的曲线，可以再搭配一件迷你马甲，这样就会吸引视线集中在上半部分了，而且还能具有显示腿长的效果，并会给人清爽的感觉，一点也不会浪费你的好身材。

另外，比较重要的一点是要在脖子处挂上一条长围巾，这样能把人的视线吸引到身材上，而且带有流苏的围巾还能让你的身材看起来更修长。

所谓的加长就是到脚的上面。

在脸的周围把头发散开，可以使脸看起来更小。这样的你，看起来就像普罗旺斯的鲜花一样，透着楚楚可怜的魅力，瞬间就能让你的形象发生改变，你的好身材也得到了更完美的展现。

不要刻意掩藏你的粗犷朴素 ❤

如果你是粗犷朴素的女孩，为此一直把自己藏起来，如果是这样的话，即使将外边装扮得再美丽，外表变得怎样光鲜，内在却不会改变什么，所以为了彻底突破自己，不如把自己的本性好好暴露一下，这样你就会轻松起来，就会由内而外地脱胎换骨。那么，具体该怎么做才能是淳朴自然呢？田园风是不可缺少的元素。

画一个素颜的"自然妆"

首先妆容要接近素颜的"自然妆"，千万不要将自己的脸当成调色板用，这样别人就能够看到细微的表情变化，从而增加自己的灵动感。

梳个简单的发型

如果你有一头长发，不用将头发七扭八扯地弄成很复杂的发型，将其束成一个简单的马尾就行，要知道简约并不代表简单。

佩戴实用性眼镜

如果你有一点近视，不用为了好看而一直戴隐形眼镜，不妨佩戴一款实用性的外用眼镜，这样能够为你提升30%的魅力，尤其是现在有很多男孩是"女性眼镜控"哦，你简单地佩戴一副眼镜，比你戴美瞳有用。

穿着田园式服饰

对于着装，建议穿一袭简约质朴的田园式棉布连衣裙，质地舒适柔软的棉布，零落分布的碎花点缀出田园的气息，让你无论走到哪里都清新可人。或者简单地穿一件青绿色格纹衬衫，搭配一条迷你的白色短裙或牛仔短裤，同样能演绎出浓郁的田园风景线。

穿上田园式的服装，和男朋友一起去踏青，

很快就会让你与大自然融为一体，如果再配上不做作、自然单纯的性格，以及稍显羞涩的表情，会让你显得更加萌。

马尾

+

眼镜

+

田园服饰

黑白灰，质朴女孩的招牌色 ♥

一些不喜欢华丽装扮的女孩，常常以黑白灰三种颜色作为服饰装扮的主打色，但也有很多女孩认为这三种颜色太土气了，根本无法演绎出时尚潮流来。千万不要这样想哟，看看各大T台的服装展示，还是以这三种颜色居多，只是看你是否会装扮而已，下面就教大家将"黑白灰"穿出时尚感觉的新法，一起来尝试吧！

黑白灰装扮要点大奉送

💗 **要点一：**如果你想让自己看起来活泼一些的话，可以简单地戴一些饰品，在佩戴饰品时，以黑白灰和一些闪亮的颜色，比如金属色、水晶色为主，也可以选择一些其他颜色进行点缀，不过要注意灰色在配含有彩色颜色的配饰时，尽量选择彩色部分的颜色相对柔和一些的，而黑白色配鲜艳颜色的时候，尽量选择彩度高一点的配饰。

💗 **要点二：**黑白灰服饰在与其他颜色的服饰进行搭配时，要注意调整颜色面积的比例，尤其在和红色、绿色等很鲜艳的颜色搭配时，要特别注意这些鲜艳颜色的面积尽量不要太大。

💗 **要点三：**黑白灰不能只穿单一颜色，要搭配起来穿。比如不能全身都是黑色，或者全身都是白色，或者全身都是灰色等，要搭配起来穿。比如黑色和白色搭配、白色和灰色搭配、灰色和黑色搭配，或者三种颜色同时出现。

💗 **要点四：**如果你穿白色的裙子，建议搭配深色的鞋子会比较协调，如果你的上身和下身已经有黑色和白色的呈现，那么鞋子建议穿灰色的。

根据身材与相貌进行黑白灰搭配

要根据身材与相貌选择不同的黑白灰搭配方式，具体方法如下：

💗 对于身材高挑、长相大气的女孩，身上的服饰黑色元素就可以多一些，黑白比例可以为7：3或8：2，即黑色为主，白色作为点缀，这样看起来会更加协调一些。

💗 如果你的身材娇小，黑白搭配的话，要以白色为主，黑色为辅，对于骨架比较小的人，也不适合大面积黑色，会给人压抑的感觉。

💗 对于面部五官比较立体清晰的女孩，可以直接黑白配；如果长相柔和的话，在黑白配的同时，一定要用灰色过度一下，如果长得再比较娇小的话，黑色和浅色的比例最好为3：7或4：6，即浅色要多一些，黑色少一点，这样可以不显得那么突兀。

💗 五官柔和的女孩适合灰色配黑色，五官立体的女孩适合白色配黑色。

偶尔做一次平民公主吧！
别让自己看起来那么高不可攀

不要盲目崇拜流行，只选择流行的，而不选择适合自己的，可能会
适得其反，要知道适合适的就是最好的，尊重自身很重要。

——这一课你要牢记的谏言

我虽然很漂亮，但长这么大，却从来没被告白过。

后来我偷听到男孩们议论我，说我虽然是个完美的美人，但却是很难接近的样子，所以即使很漂亮也不会喜欢，并且认为和我这样的女孩在一起，一定会感到很累！

听了之后，我很难过，平时我真的是那么高不可攀吗？问朋友，她们说你的确给人这样的感觉！

我一直在寻找作为女性，我自身不足的地方。

听了之后我很沮丧，不知道该怎么办才能更平民一些。

虽然高雅的装扮会让你看起来优雅有品位，却同时也会给人一种冰冷的距离感，让人难以亲近，特别是全身名牌的"名品控"们，更让人觉得遥不可及。尤其是那些还在上学和刚踏入职场的女孩，周围的人大多都是手头没几个钱，勉强能糊口的平民女孩，你的高品位追求可能会让她们觉得你和她们不是一国的，也不认为自己和你会有什么共同语言，久而久之，你可能就会在不经意间被孤立，成为寂寞的孤家寡人。

那么，怎样装扮才能更亲民更平民一些，让你的人脉指数上升呢？

百搭白衬衫，让你清新朴素又婉约

可能大多数女孩都会认为，白衬衫是所有衣物中最为普通、大众、休闲的服饰了，如果你真是这么看不起白衬衫的话，你就有可能错失展现自己不一样风情的机会。而且哪个女孩打开衣柜，不会有这么一件白衬衫呢？特别是作为经常高品位装扮的你，穿上白衬衫非但完全不会降低你的时尚品位，反而能穿出另一番清新朴实且带有潮流味道来，同时还能让你很快融入到周围的伙伴中去，从而拉近你与同龄女孩之间的距离，让你的友谊之花遍地开放。如果你现在还是迷茫，不知道该怎么做的话，好好看看下面的内容吧！

选择一款适合自己的白衬衫

白衬衫再也不像以前给人老土的感觉，尤其是现在，白衬衫的款式有很多，且时尚潮流感十足，那么怎样选择一款自己满意的白衬衫呢？注意在挑选白衬衫的时候，一定要遵守下面的三个步骤：

◐ 胸线立体剪裁，塑造隐形性感。　◐ 肩线要精准地落在肩头上。　◐ 材质要丝质脱俗飘逸或硬挺干练。

白衬衫的百变魔法搭配大揭密

如果你是职场丽人，想让自己职业化一些的话，那最佳装扮一定就非白衬衫莫属了。将白衬衫与西装裤、黑窄裙搭配，你的职业化指数立马就提升了，如果外面再搭配一件小西服，即使走在大街上，也抹不去你的白领气质。

如果你想走优雅路线，就将白衬衫与飘逸柔美的裙子搭配吧，再穿上漂亮的高跟鞋，手提时尚手包，这样的你同样不减公主的气质，而且还会给人小清新感。

如果你想走休闲路线，白衬衫与牛仔裤或短裤则是最佳搭配选择，不仅能给人一种简洁的感觉，而且还能显现出俏皮可爱的少女纯美气质。注意与白衬衫搭配的牛仔裤，最好选择裤腿颜色两边深、中间刷白的款式。

牛仔裤，永不褪色的流行 ♥

牛仔裤是每一位女孩的衣柜必会有的一件衣服，是最适合女孩子穿的一件衣服，能完美展现你的身材线条，尤其是臀部曲线和腿形好的女孩子，穿上一条版型合适的牛仔裤，杀伤力十足；而且在平凡的牛仔裤映衬下，展现随意自在之外又平添一份时尚的独特魅力。

随着牛仔裤永不退出流行的特点，其款式也越来越多样化，如何选择一件最适合自己的款式，如何让牛仔裤更完美地呈现自己的性感曲线，这里面也有很多的门道。

根据身材选择裤型款式

如果你的身材高挑有型，前凸后翘，S曲线，那么，任何一款牛仔裤都无法挑剔你，你可以任意选择，无论是短、中、长裤，都只会为你的身材加分。如果你的身材偏瘦，建议穿裤筒稍微宽松一点且能体现臀部曲线的长裤，最好不要穿中裤和短裤。

对于短腿女孩，常常会因为自己的腿太短，而选择穿长裤，认为这样能拉长自己的腿形。事实上恰恰相反，长裤反而会让你的腿显得更短，因此，短腿的女孩，不建议穿五分以下的牛仔裤，最好穿短裤或者是膝盖以上的中裤，上身搭配一件腰部的位置在胸口下方的衣服，脚上再搭配一双高跟鞋的话，就更好了。

对于粗腿女孩，尤其大腿偏粗的女孩，千万不要穿紧身牛仔裤，最好选择缩腿效果的喇叭裤，或者裤线稍微靠前的牛仔裤，这样能够很巧妙地修饰大腿曲线，在视觉效果上也会让腿显得比较瘦一些，尤其对腿短且粗的女孩，喇叭裤的裤腿刚好挡上高跟鞋的鞋根，可以让你的腿看起来比较修长。另外，建议选择布料看上去比较厚、颜色比较深的牛仔裤，这样也会让你的腿看上去没那么粗。如果你是大腿虽然粗，但整个腿形看起来还是很好的话，穿牛仔短裤是个不错的选择。

裤兜位置决定臀形，对于臀部有点宽、有点下垂的女孩，如果想做翘臀公主，建议穿裤兜小且位置比较靠上的牛仔裤，这样具有提臀效果，让你的臀部看起来比较小而翘。对于臀部有点扁平的女孩，应选择裤兜比较大且位置比较靠下的牛仔裤，这样会让臀部看起来相对比较俏一些。对于臀部比较宽的女孩，一定要穿带有裤兜且颜色稍深一些的牛仔裤，如果选择浅色的以及没有裤兜的牛仔裤的话，会让你的臀部看起来更大，身材较不协调。

牛仔裤的选购要点

在选择牛仔裤的款式跟样子的时候，还应注意以下要点：

🌷 **颜色**：不要选择黏荧光粉的牛仔裤，这类牛仔裤品质低劣，且荧光粉里有损害人体健康的化学物质。除此之外，对颜色则没有什么限制，你完全可以根据流行和需求，任意选择。

🌷 **面料**：牛仔裤的面料一般为全棉、混纺和牛津布等，你完全可以根据流行和自己的需求选择布料，但在选择印花牛仔裤时，可用指甲轻轻划一下印花的表面，仔细看一下划痕，如果划痕很快消失，则品质没问题，可放心购买。

🌷 **裤腰**：应选择稍微松一些的裤腰，以正好裤腰能吊在髋骨上为最佳，这样即使你采取弯腰、坐姿、蹲姿都不会有不舒服的感觉。

🌷 **裤裆**：在试穿时看看裤裆是不是合适，不能太松，否则会因撑不起来而出现蜘蛛网纹，有碍美感。臀部的部位也不能太紧，否则可能会出现难看的横纹。

🌷 **小一号**：应买比自己实际小一号的裤型号，因为牛仔裤会越穿越松，而小一点的会越穿越合身。

牛仔裤的搭配要点

牛仔裤也是一件百搭单品，可以和很多衣服进行搭配，且都能演绎出不同的风情，下面就给大家介绍一些牛仔裤的搭配要点：

🌷 如果你打算穿着牛仔裤去上班或者去约会，建议你选择裤腿略呈锥形的款式，上身再搭配一件质量上乘的衬衫和一件西装外套，会让你看起来很正式，而且还掺杂着一些高雅的味道。

🌷 如果你喜欢穿锥形裤和直腿裤的话，注意裤腿不要太长，应在鞋面最高处以下2厘米的位置，这样会让你从腿到脚都很有形，鞋子可以穿高跟鞋或者靴子，穿靴子时，应将裤子放入靴子内。

🌷 如果你喜欢裤管渐宽的小喇叭牛仔裤，上身可以搭配一件窄身长版的上衣，脚上穿一双楔型鞋、厚底高跟鞋等，如果你感觉自己的身材比较高挑，还可以简单穿一双平底帆布鞋。

🌷 如果你喜欢上窄下宽的大喇叭牛仔裤，上身可以穿一件能够显示你身体曲线的较为贴身的上衣，脚上搭配一双高跟鞋，牛仔裤上再配一个好看的装饰性的腰带。

🌷 如果你喜欢紧身的窄腿牛仔裤，建议上身穿一件特大的宽版上衣，这样更能突显出双腿的纤细感。

第24课
小嫩女求熟大戏法，美丽女孩评定

女孩一旦开始追求时尚，就绝对不能后退，这样你才能真的成为很棒的女孩。

——这一课你要牢记的谏言

在一个聚会上，我认识了一位比我大四五岁的男孩，我对他一见钟情。

我一直犹豫是否向他告白，直到有一天看到他与一女孩在一起，我不知道她是不是他的女朋友，这让我有了危机意识。

我决定鼓起勇气，向他告白，他却说他不喜欢小嫩女，而是喜欢比较熟一点的女孩。

我承认确实年龄比小，而且有着一张娃娃脸，穿戴打扮也有一些幼稚，我决定向熟女进发！

有着一张娃娃脸的女孩可能平时比较吃香，但偶尔也有烦恼的时候，在职场时可能会因为这张娃娃脸而不被别人信任，在一些较成熟的场合，还可能被取笑是个小孩子，当处于这种沮丧的场合时，可能你会无论如何都想变得成熟一点吧！此时想做改变的你，是不是感觉很难，还没有起步，就觉得困难重重，进行不下去，这种心态是非常要不得的，要知道美丽永远是自我挑战，与他人没有关系，那么，如何让自己在可爱中透着优雅的魅力呢？现在就开始执行"超萌女孩性感变身大作战"任务吧！

💜 小萌女的熟女妆和发型大公开 💜

如何让自己的小女孩脸庞，透出优雅成熟的雅致韵味呢？妆容的选择是非常重要的，下面就为那些为自己有些稚嫩的脸而苦恼的女孩们，介绍一些神奇的化妆催熟技巧。

💜 第一要点是眼妆。用睫毛膏突出眼部，让眼睫毛一根根翘起。（见右图①）

💜 第二要点是刘海。改变形象最好的方法就是改变发型，特别是刘海稍微改变一下，感觉就会不一样了。如果是想变成熟的话，将刘海按六四分开，就会突出精明感，给人成熟的感觉。注意：额头不要全部露出来，让刘海按一定幅度固定在适当的位置。（见右图②）

发质比较硬不听话，或者发型无法分得均匀的话，可以用发夹或发蜡将其固定。（见下图③）推荐使用简单的发夹，特别是金色和银色的发夹会让人看起来成熟很多。

发蜡 ＋ 发夹 ＝

这样即使不用化妆也会让你成熟起来，而且这还只是在你原来发型的基础上稍作修整而已，非常适合日常打理。

小洋装的完美装扮，助你尽显优雅成熟风 ❤

完美的装扮能让你的人气更上一层，成熟的装扮，会让人感觉你是一个办事可靠的女孩，尤其是职场女孩，或者在拜访长辈们时，成熟稳重的装扮更会给你加分不少。做成熟女孩的装扮，要掌握下面这些成熟风要点：

⚫ 成熟女孩的衣柜里必不可少的是一套洋装，洋装的颜色要素雅，即使同样是红色系的，鲜红和暗红比起来，暗红看起来会更素雅，更成熟。

⚫ 发型看上去要简洁干净点，像这样把头发盘起来比放下来看上去要更成熟，盘发时建议特别留几缕头发出来。

⚫ 改造平时用的首饰。虽说是成熟风，但是不一定要戴品牌的华贵首饰，只要把平时用的首饰改造一下就好了，比如把长项链改成短项链。

⚫ 然后把裙子上的装饰花佩戴到项链上。无论是花还是项链，相比佩戴在不惹人注意的洋装下方，不如直接移到上方。装饰物越靠近脸，就会越有华丽的感觉。

不要以为项链就是戴在脖子上的，手镯就是戴在手腕上的，其实没有这样的规定，尝试打破一下固有法则，尽量多试试把它们戴在不同的地方吧，说不定会给你带来意想不到的惊喜。

这样不论是气场还是品位都提高了，成熟受欢迎的女性装扮就完成了。

另外，如果你想大幅度改变形象，也是不错的主意，只是风格改变得太大会让人感觉不是你，建议胆小的女孩不要冒险尝试，具有冒险精神的女孩可以大胆尝试一下改变自己的风格，说不定会让男孩心跳加速！

小西服，职场女孩也能风情万种 ❤

对于朝九晚五上班的女孩来说，小西服是她们必备的一个单品，可能很多女孩觉得西服都很老土，如果你还抱有这样的想法，那你的时尚信息就太out了，现在的小西服款式和花样繁多，而且时尚感十足，尤其是洋装小西服更让你穿出女性的天生柔美感觉。现在开始，先来看一看穿小西服应掌握的要点吧！

根据身材选择合身的西服

尽管西服是个百搭品，但要看所选择的西服是不是适合自己，还要看身材，比如说高矮胖瘦等。

丰满身材的女孩

肉肉的女孩，在选择西服时，一定要遵照下面的原则：

❤ 面料：如果你是丰满型的女孩，穿小西装时要选择面料不要太垂，稍微硬挺一点的比较好。

❤ 剪裁和垫肩：剪裁要注意修身，这样会更显瘦一些，肩膀处不要有垫肩，否则会让人显肩更宽人更壮。

❤ 袖子：袖子不要A字型的，即上宽下窄的袖子，这样看起来会有胖胖的感觉，要选择一字型的直筒袖，这样才会显得手臂纤细。

❤ 长度：如果穿短西装，露出臀部的话，会让人显得更胖，所以一定要选择穿长一些的西装，这样垂下来，就会盖过臀部。

❤ 颜色：鲜艳的颜色是胖女孩的大忌，会让你的身材更膨胀。因此，建议胖女孩选择暗色调会更好。

偏瘦或骨感的女孩

瘦瘦的女孩，在选择西服时，一定要遵照下面的原则：

❤ 剪裁：选择稍微宽松一些的西服。

❤ 肩部：可选择有垫肩的款式，这样不会让你显得那么瘦，但注意垫肩要选在肩线里面的，没有扩充感的为最佳。

❤ 长度：建议选择短款的西服，长度在臀部以上最为合适，这样能展现你四六身材的完美比例。

❤ 袖子：以一字型的直筒袖为最佳选择，有拉长比例的效果。

❤ 领子：建议选择圆形领口的，但要注意选择领口高一些的，不要太低，这样可以让你显得不那么骨感和单薄。

身材高挑的女孩

个子比较高的女孩，在选择西服时，一定要遵照下面的原则：

- 垫肩：不要选择有垫肩的西服。
- 剪裁：一定要选择合身的，以能扣上所有的扣子为标准。
- 长度：在臀部的一半的地方最合适，这样会让你显得很优雅。

身材娇小的女孩

身材比较矮小的女孩，在选择西服时，一定要遵照下面的原则：

- 颜色：选择带有放大效果的图案。
- 搭配：一定要穿上高跟鞋。
- 款式：要有时尚流行感，最好是宽松风格的，不要穿太正式的。

西服的搭配秘诀大公开

穿西服应该配裤子还是裙子呢？应该搭配哪些配饰呢？相信这是很多小女孩都很头痛的问题，下面就为你找出解决答案。

其实西服是一件百搭单品，无论是短裤、短裙、长裙、长裤，都可以搭配。

- 长版过臀西装+超短裙：在穿着时，裙子可只露出一个小边，这样会让你的身材比例变得更好。在选择配饰时应尽量选用同一元素、同一色系的。

- 短版西服+长衫：如果没有长版西服，也可以采用短版西服里面搭配长衫的形式，西服的颜色可以选择糖果色、冰淇淋色等，里面的长衫可以是带有各种花纹图案，这样会让你更加粉嫩可爱，增加亲近感。注意这种搭配形式只适合高个女孩！

- 柔美长裙+西服：如果你选择的是柔美的长裙的话，一定不要选择颜色很深的西服，比如黑色、深咖啡色等，最好是选择同色系的柔和色的西服，如果个子比较娇小的话，选择穿八分、九分长度的裙子最合适，尽量不要选择拖地长裙。

- 花色西装+短裤：对于带有图案的西装，在选择内搭时，应选择干净、简单的内衬，这样可帮助你摆脱老气，变得更加时尚。在短裤上搭配一些很有时尚感的腰带。

另外，要注意一点！小西服的扣子不是用来系的，而是用来装饰的，非要系的话最多只能系一粒，还得是最上面的那一粒。

运动系女生变身
可爱女生运动装

不要相信宿命说，也不要相信光天条件不足的说法，只要你肯改变，并为此付出努力，即使你真的不是钻石，即使你确实是一块石头，也会成为最耀眼、最夺目的判石！

——这一课你要牢记的谏言

我非常喜欢运动，我的男朋友就是在运动场上认识的！

我们经常在一起运动，特别是打球时，我们的配合默契十足，我为此感到非常幸福！

但每当看到旁边运动小情侣的穿着非常漂亮有动感时，我都很羡慕。

再看看自己，心情就无法再高兴起来！

好想穿和男朋友一个系列的情侣运动装呀，那感觉一定很棒！

青春是灵动的，像精灵一样的女孩在运动场上肆意飞扬，那是何等的快意青春。那些喜欢宅在家里的女孩，照照镜子，看看自己萎靡的样子，再捏捏身上的肉肉，再看看天天对着电脑屏幕，越来越干涩的眼睛，哪还有一点灵动的美感。你还不赶快穿上运动装，走出家门，约上朋友，一起去展现青春的活力。对于爱美的女孩，可能觉得运动装很难穿出时尚感，宁愿不运动也不要穿什么运动装。没错！运动装的确是很多爱美女孩都头疼的服装，但在运动场上，却又非它莫属，该怎么办呢？如何在运动场上英姿飒爽的同时，也让自己光彩夺目呢？接下来，就好好学习这一课吧！相信你会找到答案的。

💗 运动装化腐朽为神奇的穿衣法则 💗

在选择或者搭配运动装时，你应该遵照以下法则：

💗 穿运动装时，上下身的松紧度应该是相反的，比如如果是上身的着装比较紧的话，下身就应该宽松一些，而如果上身的着装比较宽松的话，下身就应该紧一些，给人一张一弛的感觉，以此来平衡身材比例，使身材更匀称一些。

💗 如果你的腿形非常好看，建议你穿运动短裤，这样能最大限度地呈现你完美的一面。

💗 如果是鲜艳的颜色，最好不要穿成套的，比如黄色，全身上下都是黄色的话，就会像一根香蕉，非常不好看。如果是浅色或者深色，比如白色、黑色、灰色、棕色等，还勉强可以穿一下。

💗 如果你的皮肤比较白皙，运动时又因可能流汗而不能化妆，如果想让素颜的你肤色看起来好一些，可选择一件白色的轻薄一些的小外套，这样会让你的肤色显得更亮一些，如果你想让自己的肤色看起来红润的话，可以选择桃红色的衣服。

运动装穿对了
更添风采。

💗 如果你是性格外向、豪爽的女孩，又喜欢展现自己的完美曲线的话，可以选择一些中性的运动风格的服饰，比如上身穿一件合身的运动T恤，下身穿有弹性的运动裤。

💗 非一般的运动装，执行怦然心动任务 💗

运动装不一定都是宽松的套装，你也可以利用单品自己组合成动感时尚的运动装，让你在运动场上，展现不一般的风姿，无论外表和内心都让他怦然心动，现在就开始执行本次任务吧！

💠 要点一：在简单的牛仔裙下穿上彩色打底裤，变换整体风格。如果你感觉彩色太花哨的话，那也没关系，不妨选择迷彩打底裤，乍看花哨的迷彩打底裤和简单的牛仔裙搭配，反而会让你看上去十分得体，这样气质也不会不同，也不会感觉太出格。

💠 要点二：戴上男孩子气的运动帽时，不仅不应该压制头发，反而更应该让头发感觉柔顺飞扬。这是一个将可爱和帅气集合的搭配方法，让你显得既不过于男孩子气，也不过于妩媚女孩气，反而有一种娇俏的感觉，呈现出很不错的平衡感！

💠 要点三：以大号的装饰品点缀便装，大号饰品有让轻便服装变华丽的效果，不要在意饰品是否夸张，适合的就是最好的，以闪亮光环吸引所有人的目光吧，让你的华丽指数激增！

💠 要点四：在运动前，要梳一个不影响运动的发型，一般以马尾最为常见。运动时候的马尾一定要注意，它的高度很重要，最好从前面就能看到马尾的高度。

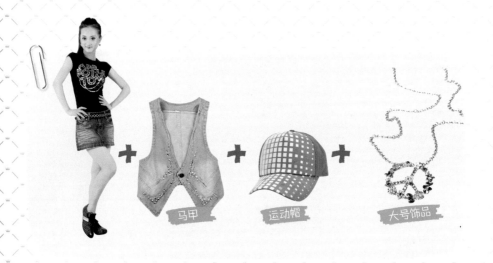

马甲　　运动帽　　大号饰品

💗 情侣运动装，成双成对做运动 💗

处于青春年少时期的男孩、女孩们，都还处在爱情至上的年纪，他们总想把自己甜蜜的爱情曝光在大众的目光下，享受众人羡慕的眼光，而运动场上，更是爱情宣言的最佳发布现场，一颦一笑间的心灵沟通，行云流水般的默契行动配合，直击对手，并一起享受胜利带来的荣耀与喜悦。如果再穿上情侣装，那你们的激情表现就更完美了。但在运动场上穿情侣装的话，应遵从以下原则：

💧 要选择宽松、活动方便的款式，这样方便你做各种幅度的动作。

💧 应选择亮丽自然的颜色，使你在跑动时成为一道靓丽的风景线。

🍂 应选择圆领或V字领，袖口和下摆稍微宽松一些的上衣，建议以情侣T恤衫、情侣运动服为主。

🍂 由于运动时可能会出汗，建议选择纯棉休闲情侣衬衫、线编休闲套头衫等，有助于吸汗和散热，而且下面简单地搭配运动裤、休闲裤及牛仔裤即可。

🍂 情侣运动装应以大色块的图案为主，也可选择色彩或者图案拼

接形式的，但不要选择颜色混合过多的，否则会让人眼花缭乱，反而失去美感。在拼接时，要讲究主次分明，图案可选择花卉、运动图案或字母，但要注意图案一定要突出，形象一定要鲜明。

🍂 脚上应搭配轻便舒适的鞋子，比如休闲帆布鞋、胶底的沙滩鞋、皮制有气垫底的情侣运动鞋等，同时注意鞋子应与服饰搭配，最好鞋子的颜色与对方衣服的颜色有相同的地方，以达到相互呼应的效果。

🍂 如果是下班后，想直接和亲爱的他一起去看电影、逛街、散步的话，女孩只需加穿一件腰部系带的立领风衣，下身搭配一件裙子和靴子就行了；如果是男孩的话，简单地在西装外面加一件浅灰色的风衣即可，这样男的帅气沉稳、女的优雅大方，很和谐的组合！

穿上情侣运动装，在运动中升温爱情。

喜欢运动的女孩，穿上颇具运动风的服装，去运动场上一展风采吧！充满活力、意气风发的你可是很具魅力的！

第 26 课
恋爱迷你裙大作战，在人气女孩道路上前进

紧张感对于人气女孩来说是很重要的，即便再亲密也要注意礼节，在喜欢的人面前一定要好好打扮自己。

——这一课你要牢记的谏言

但是男友却不让我买，说我腿粗，不适合穿迷你裙。

和男友一起逛街买衣服，我看上一款迷你裙，觉得非常好看。

我暗下决心，一定要穿上迷你裙。

听他这么说，我非常伤心，扔下他狼狈地跑出了服装店。

可是，我该怎么做，才能穿出迷人的风采呢？唉！

青春是张扬的，是性感的，也是诱惑的，更是女人一生中，身材最完美的时刻。如何在这样的花色季节里，最大限度地展示独属于女孩气质的曼妙身材呢？尤其是拥有一双美腿的女孩，如何可以肆无忌惮地展现你的性感玉腿呢？似乎迷你裙是不二的选择。的确是这样的，不信，你打开每一个爱美的女孩的衣橱，都会发现里面或多或少有那么一件迷你裙，这并没有什么好惊讶的，因为这是青春女孩最值得炫耀的一件衣服。

♥ 掌握迷你裙的穿着要点 ♥

　　1.穿着迷你裙要大胆地置于膝盖以上15厘米，露出腿部使腿看上去更修长，而且还会吸引人们的视线，让其产生紧张感，这样会更加迷人哦！（见下图①）

　　2.要配合皮肤选择对照色，尤其是协调腿部和裙子的色调是关键哦！如果是白皙的腿色就选择深色，偏褐色的腿色就推荐穿浅色裙子。（见下图②）

　　3.穿上高跟鞋，更有显腿长的效果，推荐穿坡跟鞋为佳，而且穿脱也比较方便。（见下图③）

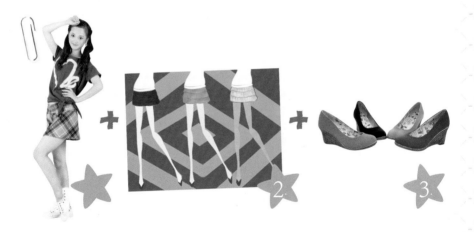

　　迷你裙并不是为了显露腿细，而是借此提高自己的自信，是人气女孩们的最佳拍档！这样，迷你裙美腿装就打造完成了，怎么样？找回你的自信了吧！

♥ 粗腿妹穿迷你裙大作战 ♥

　　你想成为适合穿迷你裙的女孩子吗？如果你双腿既不苗条又不修长，是不是就只能放弃迷你裙带来的美丽。那么，就只有靠减肥了吗？其实，就算不减肥，也有适合穿迷你裙的方法，如果你想知道，就接着学习下面的课程吧！

方法一

大大方方地露出你的大腿，不要因为没有自信就穿一些遮遮掩掩的裙子，这样反而会引起瞩目！

方法二

袜子和鞋子的颜色要相称，长度推荐是2倍，使用黑色等深色的话看上去就很紧绷。

方法三

合理地使用腰带或围巾，努力让别人的视线都集中到上身来，穿上迷你裙就会看起来很可爱！

围上围巾

围上腰带

搭配完成，看看是不是非常适合你呢？

平胸女孩怎样提升自己的性感指数

如果你没有引以为傲的胸围，也没有翘起圆润的双臀，更没有纤长如玉的双腿……那么，怎样能提升自己的性感指数，变身闪闪发光的妩媚女郎呢？现在开始上一下性感大课吧。

用裸肩的百叶上衣，将平胸遮掩住，进而突出上面，让身材看起更好，下面搭配上牛仔迷你裙，最后用润肤露涂满全身，这样能制造出皮肤华丽的闪亮效果，吸睛百分百。所以，让该裸露的部分尽情的裸露吧，这才是身材满分的关键！

迷你裙与裤袜及高筒袜的搭配技巧

迷你裙最佳搭档是裤袜和高筒袜，那么怎样才能让它们完美结合，呈现你的万种风情呢？别着急，现在，就来教大家有关迷你裙与裤袜及高筒袜的一些搭配技巧。

迷你裙+裤袜

迷你裙和黑色的裤袜搭配后，腿看起来会显得修长且可爱，这是人气女孩的必备着装搭配！此外，这次给大家讲解一个更有效的搭配方法，让你更具公主气质！

换掉黑色裤袜，改成丁尼布的裤袜后，更能明显地显出你修长腿型的效果！现在大家试着改用流行的丁尼布吧！

接下来是同色系的搭配，裙子和裤袜用同样的颜色后，会让你的可爱倍增！而且配合裤袜的伸缩效果能让你的腿更显修长效果！

迷你裙+高筒袜

高筒袜，是脚上装饰的杀手锏，尤其是迷你裙+高筒袜的搭配更是必胜法宝，穿迷你裙的时候，可以把高筒袜的上端折下一点，穿短裤的话，则按平常穿法即可。

好了，说了那么多，是不是已经打消了你对迷你裙的顾虑，即使对自己的身材仍然不自信，也不妨尝试一下本课中的一些穿着法则，说不定你能穿出超越平时的风采呢。

 人气女孩要点温习

1.掌握迷你裙的穿着要点很重要，可以避免走入穿衣误区。
2.要对自己充满自信，只有自信满满才能让你的美腿满点。
3.腿粗的女孩可装点一些配饰以转移视点。
4.如果身材好的话，该露就大胆地露出来吧！
5.迷你裙与裤袜、高筒袜搭配，更能修饰腿型。

第 27 课

改头换面的女孩！
让我们变得更漂亮吧

抛弃过去糟糕的自己，彻底改变，让身心都变得坚强而美丽吧！像新生的凤凰一样展翅翔来，你将获得崭新的生活！

——这一课你要牢记的谏言

我长了一张朴实的脸，一直认为自己即使再怎么打扮，也无法出彩！

可是我也埋没了我的情缘，当我看到别人成双成对时，我就会不由自主地生出一股孤单感。

直到有一天，我遭到一群男孩的嘲笑，其中还有一位是我一直暗恋的男孩！

于是我放弃了自己，让自己自生自灭！即使朋友劝我好好打扮一下自己，也会成为夺人眼球的小美女，我也坚决地予以否决！

现在，我也想打扮自己，却又担心闪亮的打扮会更突出我那张朴素的脸，为此我苦恼不堪。

一成不变的装扮，会让你看起来单调缺乏趣味，且给人一种不会变通的死板印象，处于花季的女孩，本来就应该是像花儿一样，摇曳多姿，美丽耀眼。装扮其实也是一种创意，也是对自己最深刻的认识。了解自己，给予自己最契合气质的装扮，不仅会装点别人眼中的风景，也会让自己更加自信。想想看，作为学生的你，在学校里肯定会就一身校服行头，在千万学生中看不出哪个是你来，但离开学校后，就把校服脱下，来个清纯学生妹的装扮吧！作为职场丽人，职业化装扮会让你看来干练知性，但下了班之后，就改变一下女强人的感觉，换上很女人味的衣服，小鸟依人地依偎在男朋友的身边，做一个妩媚的女人吧！不要感觉这是个难题，很容易做到的，现在就来帮你改变自己，寻找最适合你的个性装扮。

嫩女转型向熟女看齐攻防战 ♥

一直都是很学生化的装扮，明年就该出去工作了，想改变一下自己，让自己看起来成熟一些，但又不让人感觉老气，可是该怎样选择衣服，怎样进行搭配呢？现在的自己真是一头雾水，找不到北。

别急，这其实是很多女孩的苦恼，看看你身边的人，是不是能够找到一些大学生看起来就像个高中生，一些职场同事看起来就像个大学生，而且整体看起来，就像"清汤挂面"，清纯有余，自然不足，且与现在的身份也不符，给人装嫩的感觉。即使自己确实还很年轻，也确实处在青春美少女的时代，但也真的受够了被人看作"长不大的小孩"，而急切想让自己变得成熟一些，希望赢得别人的重视。那么，该怎么做呢？

首先，你要甩掉那些低龄化的服饰，比如背包，可将其变成挎包、提包，或者大一些的女性时尚单肩挎包；对于衣服，要脱掉校服，同时着装要避免带有卡通图案的衣服，也不要满头都戴上五彩缤纷的头饰。其次，应以黑、白、灰三色为主，其次是米色、深蓝、咖啡色，这样会让你看起来成熟稳重而不张扬。再次，在选择衣服的款式上，应以西服套装、套裙为主打，但在着装的细节上，可搭配丝、高腰以及褶皱等元素。然后，要注意面料的选择，为了达到高级视觉效果，建议选择丝、绸、缎、雪纺等面料，远离纯棉、麻等制品。最后，在穿戴方法上，建议露出你的锁骨，这会让你性感妩媚！发型不要随便扎个马尾，最好盘一个漂亮的发髻。

扔掉带卡通图的衣服和学生气的双肩背包。

经过这样一番打扮，怎么样？是不是看上去成熟很多了，由小女生蜕变成了成熟高雅的小女人，彻底地将自己成功改造。

假小子向甜辣帅气女生进发

有些女孩虽然和男孩打成一片，成为过命的好哥们、好朋友，但就是开不出自己的桃花恋来，究其原因，是因为你太男孩化了，像一个假小子，人家都没把你当成女孩看，怎么可能对你产生心动的感觉。为了能开出桃花来，赶快尝试改变吧！其实，不用掩饰你豪爽的个性，只需要在打扮上稍作调整就行了。现在开始，执行自我风格的着装打扮之任务，向帅气女生进发吧！

画个帅气点的妆容

其实再朴实的女孩，只要稍加雕琢就能简约而美丽。方法很简单！只要在眼睛周围稍加改变，整张脸看起来就会有很大变化。即使你不喜欢涂抹睫毛膏，也可以有一双闪亮的眼睛！

◀ 首先是画出眉形！

◀ 接下来，用睫毛夹依次夹睫毛的根部、中部、尖部。然后将睫毛夹调转过来，夹下面的睫毛。

给短发加点帅气味道

取一小撮头发，在发尖部分打上发蜡，注意在搓发蜡时，可让手指的动作随意一点，这样头发就会变得很有动感。

◆ 用发蜡打理头发，取少许发蜡。

◆ 用两只手的手指搓匀。

◆ 最后搭配可爱的蝴蝶结发圈做头饰。

装扮上加上安全和可爱元素

假小子的活动幅度比较大，在穿着上应将轻便和可爱结合起来，打扮可以偏中性一些。

如果是穿裙装的话，不要忘记一定要穿打底裤。在短裙下面的打底裤，可以避免大大咧咧的帅气女孩走光；在连衣裙下搭配打底裤，可以增加帅气度，而且这样的话，即使穿裙子也可以让帅气的你自由奔跑了！

如果是短款打底裤的话，最好选择下面有蕾丝的，这样会让你在帅气中透着可爱！

如果在帅气的气质下再加上一点女生气，让自己的言行举止别那么粗鲁，稍微收敛一些，甜辣的着装搭配就更完美了。

彩色装扮，让自己不再死气沉沉 ♥

一些懒姑娘可能会认为黑白属于百搭颜色，任何女孩都可以用来装扮，偶尔黑白配还不错，但如果长期这样的话，可能会让自己陷入枯燥单调的怪圈中，试着用其他颜色服饰改变一下自己的形象吧！现在开始，进行神奇变身，寻找除了黑白以外闪耀的彩色装扮吧！

将自己喜欢的颜色融入到时尚中的方法如下：

1.首先将全身的面积进行三等分，在这之中2/3使用同样的颜色，接着剩下的1/3用完全不同的颜色。（见右图①）

2.2/3的颜色形成了装扮的主要颜色基调，另外的1/3不要犹豫，大胆地选择其他的颜色也没关系。（见右图②）

3.同样1/3的装扮，黑色基调中融入绿色和蓝色或绿色基调中融入黑色，给人的印象是完全不一样的哦！（见右图③）

装扮的时候，关键在于考虑不同颜色的1/3和2/3！绝妙的平衡色，会让你感觉完全不一样！

寻找独属于自己的颜色。

第28课

我爱你，超人气王子公主情侣装

爱情是最伟大的力量，即使你积习难改，假如你从心底想着他的话，一定就可以变过来的。只要是恋爱中的女生，谁都可以拥有这样的力量！

——这一课你要牢记的谏言

看到别的情侣穿着情侣装，甜蜜地吃冰淇淋，我无比羡慕。

拉着男友一起去服装店，也准备买一套独属于自己的情侣套装。

当我拿起一件写着"我爱你"标示的衣服，让他试穿时，他很害羞地拒绝。

他告诉我，太直接表现的情侣装，看上去会比较俗，没有创意和寓意。

店员推荐我们，细节之处，情侣感觉无处不在的情侣装。

果真，穿上之后，和别的穿着情侣装的朋友在一起，明显不同凡响。

爱情就像一根魔法棒，人体所有的内分泌都被它操控，哭也为它，笑也为它。所有的年轻小伙子、小姑娘都穿上最帅气、最靓丽的衣服围着它转，尤其是身着情侣装的一对爱侣，走在大街上，更是会吸引别人羡慕的眼光，而且服饰的相互呼应，也会唤起彼此的心灵契合，更加心心相印。为了你们的爱情更上一层楼，也让别人看得到你们的爱情蜜度，与心爱的他一起穿上象征甜蜜爱情的情侣装吧！

❤ "合衬"，是情侣装的第一要义 ❤

穿情侣装时，两个人之间的默契很重要，这样即使不做什么亲密的动作，也会给人心灵契合的感觉，尤其是协调统一的风格及图案色系穿着，更会让人一看就是一对情侣，有一种宣誓爱情的感觉。那么，应该怎样的装扮才能达到这样的效果呢？

首先，最重要的是着装风格要一致，如果一方是职业风格的，另一方也要选择同样的职业风，如果是一方是职业风，一方是运动风，即使两人色系、图案完全一致，也会给人不伦不类的感觉，所以双方保持着装风格一致很重要。

其次，服饰元素要达到互补，要知道情侣装讲究的是两人是一个整体的形象组合，而整体的形象则是由一个一个的细节元素所勾勒的，所以在搭配上，要注意细节的呼应与互补。另外，在元素互补的同时还要注意情侣装的最高核心价值，即服饰要有一致性的地方，哪怕很小，都不可或缺，比如可以让双方的外衣的颜色相同或相近，也可以让双方衬衣和毛衣的颜色保持一致，如果上面做不到，哪怕让丝巾和领带的颜色、裙子的条纹和衬衣的条纹保持一致，也都能搭配出非常出彩的效果，如果能再选择一款互搭的香水，则更能烘托出"心有灵犀"的合拍感觉。

再者，要注意与具体场合融合及保持双方言行的一致性，所谓的与具体场合融合，通俗的来说，你要在不同的场合学会变装，以达到你的着装是符合你所处在的场景要求的，比如说，如果你是要出席正

情侣装会增加你们的甜蜜度哟！

式的场合，那么两人的穿着就要端庄庄重一些；如果是要去逛街、看电影、K歌等休闲娱乐场所，就要穿得时尚潮流一些；如果是要去运动或者去野外，就要穿得休闲或者动感一些。这样符合场景的着装，会给人得体的感觉，让自己的形象加分。

色彩与图案，遥相呼应，爱得浪漫

颜色与图案可以说是情侣装的灵魂，所以在选择情侣装时，对此有着更为细致的要求，如果颜色和图案运用得当，则会引起视觉上的共鸣，给人加分添彩，反之，则会成为一大败笔。那么，情侣装的颜色和图案应该怎样进行完美组合呢？

情侣装上的图案要相呼应。

色彩搭配，让爱也五彩斑斓

颜色的搭配是情侣装搭配中最基础的一种，情侣之间穿上完全相同的颜色，会拉近两人之间的距离，瞬间迸射出火花，巧妙融为一体，使一对男女变成一个整体形象组合，但在选择完全相同的颜色搭配时，颜色的选择要以男女都能接受的为准，女孩不能太任性，非要男孩穿女孩喜欢的颜色，男孩也不能太大男子主义，让女孩以自己的颜色喜好为准，这样都是不对的。毕竟女孩和男孩喜欢的颜色系列是不同的，女孩一般偏艳色、男孩一般偏暗色，不妨双方各让一步，选择中间一些的颜色，毕竟情侣装展现的是一个整体形象。

当然，如果穿得完全相同，局限了个人的个性展现，也可以选择相近的颜色，比如暖色和暖色搭配，双方都穿着暖色的服饰走在大街上，会让两人之间流动着浓浓的暖意，让感情更加升温，但切忌亮色和亮色搭配，这样的颜色会相互反射，穿在身上给人相互排斥的感觉，而且闪亮的颜色容易吸引别人的视线，而忽略二位本身之间的情感流动。

你也可以选择与他完全不同的颜色，来展现属于你的个性魅力，但是要注意一点，你所选择的颜色，要与他的颜色互补才行，比如如果男孩选择黑色，女孩可以选择大红色；男孩选择绿色，女孩可以选择酒红色。

要说最微妙的搭配方法是哪一种，这里推荐你采用不同色彩元素穿插着搭配，采取局部颜色相同为佳，比如女装的白色外套和男装的白色球鞋、男装的领带与女装的外用装饰性宽腰带或者围巾相呼应，让你们在细节之处体现温馨浪漫。

涂鸦爱的图案，流泻浓浓爱意

图案的相互匹配是情侣装"出位"最重要的推手，想一想，穿上印有完全一模一样图案的情侣装，站在一起多和谐呀！可能随着年轻男孩女孩对个性化的追求，觉得这样很土，没关系，你也可以选择不同的能够相互呼应的图案，甚至可以带点故事情节，比如男的身上是一个风筝，而拿着线的手却在女孩的身上，也可以是一些创意文字，比如女装上写"窈窕淑女"，男装上写"君子好逑"等。

当然，为了让情侣装更能表达彼此的爱意，也可以两人一起用防水颜料在衣服上书写、绘画更具意义的文字和图案，让爱意展现得更为猛烈一些。

从细节入手，体现爱的细腻 ❤

现在时髦的情侣装有很多，情侣装并不是所有的地方要都保持一致，而是在细节处有稍微的改变，在搭配时请注意以下要点：

❤ 要点一：将男孩的上装换成与女装裤子一样的颜色，或者彼此交换一下方式，仅仅这样改变一下时髦感就立即上升了许多。同样的，在花纹上也可以体现情侣之间的相互呼应，可穿只在某一点花纹相同的衣服，花纹建议选择格子、齿纹、条纹等，比如条纹，男孩可以穿横条纹，女孩可以穿竖条纹，或者男孩的横条纹T恤和女装的条纹长裤之间的呼应，这样的穿插也会很协调！

情侣装应注意细节的连接关系。

❤ 要点二：只在细微的地方配对，感觉也很好，比如帽子、围巾、手套、皮带、项链等，这样可以彼此呼应，在细微之处尽显甜蜜。

手套

围巾

注意细节地方的呼应。

❤ 要点三：我们可以尝试挑战一下男款的牛仔裤，所谓男款的牛仔裤，穿着时要稍微靠下一点，下脚卷起来。

在这里提醒一下，情侣装也叫配对装，不仅适合男女之间，女性密友之间、家人之间都可以，有助于增进亲密关系。

第29课

各人各异，
去寻找属于自己的颜色

适合自己的，才是最好的，每个人都去寻找最适合自己的颜色吧。

——这一课你要牢记的谏言

我们在着装时，常常会为了彼此的服装搭配而起争执。

我喜欢粉红色，我男朋友却喜欢黑色。

我希望他能穿与我颜色相配的浅色系列，而他则希望我不要穿得那么粉嫩，为此我们争吵不休。

朋友告诉我们，虽然各自喜欢的颜色很适合自己，但尝试用对方喜欢的颜色搭配彼此，说不定效果会更好。

真的会如此吗？果然，换上衣服的我们，般配指数更高了。

好"色"是女人的天性，大多数女孩对颜色总是会有一种偏执的爱，在生活中她们对颜色的挑剔就像是在品鉴艺术品，对服饰颜色更是十足的敏感，看到自己喜欢的，很容易就被拨动心弦，挪不动脚步，这也是女人喜欢逛街的原因之一。但是对于你喜欢的颜色，你真的会打扮吗？你的打扮真能让人眼前一亮吗？很多颜色如果搭配不当可是会让你丢脸的哟！这一课，将为你打开颜色的大门，教你学会如何进行超靓丽的装扮。

根据颜色的寓意，找到自己的颜色

每一个人都有一种心仪的颜色，每一种颜色都有自己的心情与气质，而女孩天生就是带有颜色的，很多形容女孩子的词语也都与颜色有关，因此，也可以这样说每一个女孩子都有着一种属于自己的颜色，而这种带有归属性质的颜色，也寓意着你的很多特征都与你的归属色是心灵相通的。比如，如果你是个热情奔放的女孩，最能表达你的颜色就是红色；如果你是个娇俏明艳的女孩，黄色最能表现你的这一特质；如果你是个清爽宜人的女孩，绿色则最能代表你的这一特质；如果你是个沉稳干练的女孩，则厚重暗沉的青色最能代表你；如果你是个活泼开朗、善解人意的女孩，清新干净的蓝色最能说明纯净明快的你；如果你是个优雅且带有梦幻感觉的女孩，则飘忽迷离、高贵幽深的紫色很能衬托你的气质；如果你是个纯真烂漫的女孩，美丽圣洁的白色更能凸显你的本质；如果你是个狂野的女孩，而黑色则更能让你骨子里的野劲释放出来……所以，如果要想将自己与颜色完美地融为一体，既要了解颜色的气场，也要看清楚自己，这样才能找到独属于自己的归属色。

选择适合自己的颜色。

黑色就得这样搭

黑色一直都是很流行的经典颜色，而且黑色这种颜色会让人看起来很精干、很成熟的感觉，让人看起来高贵而典雅，是很值得推荐的颜色。但是黑色系装扮也有一些注意要点：首先，不要浑身上下漆黑一片，否则就会给人很黑很沉重的印象，会让周围的人感觉很恐怖，也会给人一种不好亲近不好说话的感觉。所以，要学会用自己的色彩，打造出明朗的黑色装扮，具体方法如下：

第一步，搭配黑色装扮之前，应先选择出自我色彩，自我色彩就是能彰显出自己魅力的颜色，由于皮肤和头发以及瞳孔的颜色每个人都有所不同，即使是同样的粉色，放在接近脸部的地方作比较，哪一个能让自己的脸色明亮哪一个不行，一看就明白了。能让你的肤色显得明亮，那么这个就是你的自我颜色。自我颜色根据四季划分为四类，把与自己相衬的颜色，与自己的着装搭配起来使用的话，效果就会提升！

第二步，从自我色彩中选出喜欢的颜色来搭配，与黑色搭配起来很衬的话，黑色装扮会更加完美。黑色装扮会带给人不同的印象，配上其他的颜色也会有不同的效果，所以，根据自己所需要的感觉，来确定需要的是什么颜色。

如果你一直是元气满满的感觉，就选用元气满满的绯红色来搭配。

绿色替换为红色。

绯红和黑色一样，都是很深重的颜色，如果你想变得更女孩子一点的话，可以像上图这样保持均衡。

如果你想表现得稳重一点的话，可以用随和自然一些的色彩，推荐使用青绿色。

不过，为了不显得太过沉稳而老气横秋，选用稍微可爱的衣服会更好。

红色帽子　红色围巾　格子外套　红色内衬　灰色打底裤　灰色靴子

如果你想让自己显得头脑好，聪明伶俐一些，那就要选知性的颜色了，比如蓝色，特别是深蓝色看起来和黑色更搭配。再加上闪亮亮的装饰品的话，就更能显出成熟知性的感觉了。

换 → 深蓝色外套 + 天蓝色围巾

换 → 深灰色闪亮靴子 + 天蓝色闪亮包包

　　像这样适合自己的装扮要因人而异，并不是说只要这样就是个性打扮了，一面对着镜子仔细检查，一面征求朋友的意见，就可以发现很多让自己变得更有人气的装扮哦！

樱花色！为自己创造一个粉红色的回忆

　　青春男孩们一般都喜欢打扮成具有女孩气息的粉色女孩，所以，如果你想获得男孩子的青睐，不妨将自己打扮成一个"粉红女"吧！

粉红妆，按肤色调和

　　当然，要想做一个具有吸引力的"粉红女"，最重要的是选择与自己的肤色最搭配的粉色系，肤色白的应选择色调比较正的玫瑰粉，小麦色的应选择活泼的橙粉，加闪粉与不加闪粉也会有很大的不同，介于二者之间的，可以选择浅色的樱花粉！不同色系的粉色也可以与随身携带的唇膏相混合，调配出适合自己的粉色也不错！

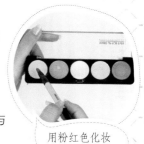

用粉红色化妆粉画出粉红妆。

粉红饰，升级你的粉色指数

　　对于粉色饰品，将褶皱与小配件配套使用，就不会让人感到很琐碎了。

恋爱粉色，让人心跳的公主任务

　　首先是公主风的决定性道具，花边满满的罗曼蒂克系连衣裙。小饰品也要是粉色的。

+ 　=

第30课
海边约会，吸引恋人的满点装扮

无论多么耀眼的星光，也无法夺走他的目光，完美地装扮自己，让自己成为他眼中最耀眼的唯一的一颗星吧！

——这一课你要牢记的谏言

在海边，美女如云，且都穿着漂亮、性感的泳衣。

这周末，男友约我去海边约会，我不太想去！因为曾经我们去过一次，非但没有幸福甜蜜，反而让我们产生了矛盾！

备受冷落的我对此大发雷霆，并冲动地将他扔下，一个人回家了。

他只顾着看那些美女，快乐地和她们搭讪，将我抛置脑外！

为此很长时间，他怎么给我解释，我都不搭理他，甚至险些分手。

鉴于那次不愉快的经验，我决定赴约，且下决心成为美丽的人鱼公主，让他的眼光再也无法离开我！

210

不妨闭上眼睛，想象一下，无边的海的尽头与天空连成一片，海天同色，绵细柔软、纯净洁白的沙滩，躺在上面，聆听习习微风、滔滔浪声，如梦如幻……白天和他在沙滩上打排球，当汗流浃背时，再与他手拉手畅游大海，夕阳西下时，在满天彩霞的映照下，与他来个甜蜜的激吻……这种种沙滩情事，是不是很唯美浪漫？赶快打扮起来，像海里的美丽人鱼公主一样，勇敢地去邀约你生命里的那个重要的人吧，也一起演绎一下属于你的爱情故事。

对泳衣进行巧妙叠搭，穿出不一样的感觉 ♥

在购买泳衣时，试穿是很重要的。和服装不同，泳衣是在水中穿的特殊服装，由于泳衣在水中会变得宽松，因此要注意选择小一些的。另外，在沙滩上很多时候都是赤足的，试穿的时候要脱掉凉鞋，光着脚看看全身的效果也很重要！

泳衣的颜色有很多种，选择适合自己的颜色很重要。如果你想让自己在海边表现得更具少女情怀，就选择一些天蓝色、粉色、桃色、淡黄等像冰淇淋般柔和的颜色吧！

然后是重叠穿着，目前一般是将短裤与裙子重叠着穿。依次类推，还可以将泳衣本身重叠着穿，不同样式或颜色的两款泳衣重叠着穿。下面就为大家介绍几种经典搭配，你可以依次作为参考：

◀ 水珠图案上下装的外面穿条纹图案的上装。

◀ 条纹图案的下装，水珠图案上装的外面穿条纹图案的上装。

◀ 水珠图案下装，条纹上装的外面穿水珠图案的上装。

◀ 条纹图案上下装的外面穿水珠图案的上装。

你还可以根据自己的喜好，自由进行很多组合。

🍃 对于不想要太花哨的人，可以选择粉色与橙色这样的同色系组合。

🍃 想要被瞩目的人，可以选择柠檬色和浅紫色，或者柠檬色和蔬菜绿这样的饭色系组合。出色的重叠穿着的要点在于所能看见部分泳衣的面积，也可以将泳衣的上下装组合成刚好能看见一点的样子，这样比较可爱，也请大家试一试类似的重叠穿着方法！

🍃 如果你想佩戴眼镜等小饰物的话，配合泳衣的颜色的话会更好哦！

巧妙穿泳衣，让你的身材零缺陷

可能有不少女孩觉得自己的身材有那么一点缺陷，不好意思穿泳衣，其实如果泳衣穿着合适，一定有属于你的美丽。现在，注意咯！开始认真上这一课吧！

修饰身材的泳衣选择一：根据上半身想要如何展示来改变泳衣的样式

⬤ 如果你想要展示颈部的话，就选择贴颈的细带。

⬤ 想要让人一下子关注到颈部的话，可以选择吊带式。

⬤ 如果穿的少一点就觉得不安的话，推荐较长款的哦。

◀ 如果你是初选的话，可以选择贴颈细带、胸部面积比较大的款式，这样不仅能够将颈部全部包围，还能修饰身材，让你显示出很好的身材。

修饰身材的泳衣选择二：装饰的样式

▶ 两边装饰蝴蝶结的样式比没蝴蝶结式更能吸引视线，有修饰身材的效果。

⬤ 担心自己腿比较粗的人，可以选择宽松的短裤型短裙，这样会让腿看起来比较细。

◀ 也可以在短裙型泳衣下装的里面配上合适的底裤，能够隐藏比较在意的下半身，会让你感到轻松一些。

修饰身材的泳衣选择三：泳衣的颜色

有很多泳衣的颜色，是能显瘦的黑色等深色调，你可能会认为黑色的泳衣显得太性感了，这样的话，推荐你选择有活力颜色的装饰边。所谓装饰边就是装饰在泳衣边缘的线条，这样会让你的肌肤与泳衣边界线分明，有着很好的修饰身材的效果。另外，为了增加可爱的效果，推荐小花图案。这样的话，修饰身材的泳衣装扮就完成了。

有装饰的泳衣能更好地修饰身材。

去海边，行李箱里要装什么 ♥

那么，去海边游玩，应该带哪些衣服呢？这是一个很值得思考的问题哦！大多数女孩都会有"这个也想带，那个也想带"的迷茫时候。

● 当出现这种情况时，把要带的衣服卷起来吧！

注意事项
应尽量选择能容易卷起来的衣服。

● 竖着放进行李箱里，就可以带很多衣服了！

● 因为要考虑装弄湿了的泳衣，带上有拉链的塑料袋就方便得多了！

海边装扮，穿出你的可爱美丽来 ♥

若说海边装扮，最应该让你上心的还是泳衣的穿戴方法！不过，上面已经介绍了很多搭配方法，照着做，你就会是沙滩上最美丽的水精灵了，你也可以根据你海边度假时间的长短选择不同的泳衣。

1.首先，第一天，你可以穿上很有女生味的带有飘飘裙摆的可爱魅力泳衣。

2.第二天可以穿上稍微有些大胆的比基尼。

3.之后的时间，把你所带的泳衣都穿个遍吧，这样不停的变身之后，一定会让你吸引到大家的眼球！

海边有风，在不准备游泳时，推荐质地柔软轻盈的雪纺，这样即使有沙子也不容易粘上衣服，而且每当你动起来的时候，裙子也会随风摇摆，非常可爱。

贝壳饰品

第一天　　第二天　　之后

脚趾环

选择贝壳主题的饰品，也相当可爱。

同样也不能忽视脚部，护理好脚趾甲，带上脚趾环，在阳光的照射下一闪一闪的，十分漂亮。注意：脚趾环最好选择亮一点的，并且不要撞到或是弄脏它。这样脚上一闪一闪的光芒，一定会让大家的目光都聚焦在你身上。

 人气女孩要点温习

1.巧妙的泳衣搭配和叠加方法，会让你穿出不一样的效果和感觉！

2.有身体缺陷的女孩，选择适宜的款式，会完美遮住你的缺陷，让你看起来完美无瑕。

3.海边装扮，除了泳装，还要准备轻飘飘的裙子，在海风的吹拂下，会让你随裙摆飘拂，整个人都感觉轻飘飘的。

4.在海边玩耍，防晒护肤很重要，别忘了带防晒护肤品！

海边度假护肤秘籍，你必须知道 ❤

去海边度假，感觉什么都让你high，但唯一让你兴奋不起来的可能就是对皮肤造成的伤害了。不要沮丧，也不要因此取消海边度假的打算，其实只要你的防护措施得当，就完全不用有这方面的担心，下面就给你介绍一些海边度假的护肤秘籍。

首先，最重要的是做好防晒工作，最主要的是你要会正确地使用防晒霜。出门之前，先在脸上和身体上一点不漏地涂好防晒霜，尤其是鼻梁、脸颊、下颚、额头这些突出的地方最好涂两次。特别是如果要去海里的话，很容易出汗，涂抹的次数就应相对多一些。如果你的肤质不能晒太阳的话，几个小时后就还得重新涂一遍！

很多女孩因担心晒黑而用长袖和帽子来防晒，虽说这样也可以，但是这无形中折损了你的美丽，相信大家还是更喜欢夏天的打扮吧！所以，大胆地穿上清凉漂亮的夏装吧！

游完泳要做好肌肤的修复工作，具体方法如下：

1.从海里出来，在泡浴之前先去冲澡，把身上的沙子完全洗掉，同时头发上的盐分、沙砾和日晒过的晒痕也完全洗干净，洗头发时，要用日晒专用的洗发水。

2.然后被晒过的皮肤敷上冷水浸泡过的毛巾，再用化妆水来补充肌肤的水分。

冲去沙子，用防晒专用洗发水洗发。

冷毛巾敷面。

好了，说了这么多，你是不是对海边约会也蠢蠢欲动了呢？运用这一课程提供的海边约会秘籍，约上男友一起出发吧！

一个细节一个想法，完美大作战

不要认为自己不可以，不要认为时间已经来不及，人的潜力是无限的，正如时间像海绵里的水一样，挤一挤，总会有的，要学会在最短的时间内，做最爱的事情！

——这一课你要牢记的谏言

我是一个粗枝大叶的人，平时为人处事也有点大大咧咧。

在装扮上，我同样不拘小节，比较随性，常常上下身同色系，或者毫无装饰的整体连衣裙。

长此以往，男友对我不甚在意，常常把目光放在别的地方，已经很久没有好好看看我了。

这让我非常沮丧，朋友告诉我，别忽略细节，细节往往会更吸引眼球，装扮再精致一些，一定会吸引他的眼球。

按照朋友的建议，同样的衣服，加上细节的处理后，果然，惹得他双眼直冒红心。

俗话说"细节决定成败"，同样的，细节也决定着你的完美度。想想看，当你得意洋洋地展现你引以为傲的装扮时，仅仅因为一个纽扣掉了，或者衣服的颜色不搭而遭致美丽大打折扣，就得不偿失了。正因细节如此重要，所以无论是职场上的知性丽人，还是情场上的娇羞小女朋友，出门之前，总会对镜贴花黄，描眉画黛，一身霓裳羽衣，将自己打扮得光鲜亮丽，并将这一流程视为一个非常重要的仪式，即使临出门的那一刻，也会对着镜子照了又照，生怕自己哪儿冒出一点点瑕疵，毁了辛苦经营的完美形象，毕竟对于女孩们来说，追求极致的完美是毕生的事业。当然细节并不仅仅是装扮不出错，无瑕疵，而是要自己巧思妙想，让你的完美度更上一层楼，比如使用蝴蝶结、缎带作为衣饰装点单调的服装，让其更丰富；或者利用服饰的款式遮盖身材的瑕疵，让你看起来完全没有什么缺点；或者利用统一系列的服饰，以单品的形式展现多变的你，是不是听起来很棒，也想尝试一下呢？别急！好好学一学这一课的内容吧！

巧妙使用蝴蝶结、缎带，魅力飙升大作战

蝴蝶结是女孩的象征，头上装饰的蝴蝶结合闪耀效果绝对吸引目光，但要记住，女孩头上装饰的只能是可爱的蝴蝶结哟！而腿上的细线蝴蝶结则强调了腿部修长线条，蓬蓬裙摆的小蝴蝶结有凸显纤细的效果。腰带上也可以装饰大蝴蝶结作装饰。

但要注意，使用蝴蝶结要掌握度和技巧，否则可能会显得繁琐累赘，那么具体应该怎么做呢？

❤要点一：可爱、单一的蝴蝶结能够连接心意，首先基本装扮要简单，因为只有简单的装束才能强调个别修饰，然后加上重要元素——蝴蝶结，以增加你的可爱程度。

❤要点二：提升可爱度的秘诀就是重叠蝴蝶结，一个蝴蝶结虽然很可爱，但如果将两个大小不一的蝴蝶结重合，可爱感会更强劲。比如将鱼鳞蝴蝶结、亮钻蝴蝶结或者布质蝴蝶结重合，能够制作出不同效果的重叠蝴蝶结。

大家不妨也试试吧，这样，朴素可爱的变身就完成了。

蝴蝶结可以增加你的可爱度！

你还可以用缎带来装点T恤

如果你还想再可爱一点，不妨用漂亮的缎带来装饰你的衣服，同样能给你带来高品位与时尚的搭配。

如在T恤上，用缎带制作蝴蝶结缝制于胸前，最好能够加上2个以上的小蝴蝶结。

下身可以穿上碎花迷你裙，会更能衬托你的美丽与可爱！当然，最外面加上合适的蕾丝轻外套，会让你的闪亮感觉UP！UP！

如果配合发带来选择蝴蝶结的话，也会让你的可爱度UP！UP！

这样，蕾丝和缎带搭配的公主系时尚装扮就完成了，同时你也会成为当之无愧的时尚达人！

+

+

♥ 掩盖缺陷，做完美零缺点小美女 ♥

人都有短处，将这些短处靠衣服掩藏起来就行了，这才是时尚的真正涵义！

掩盖缺陷，发掘新的魅力是美丽的第一步，如果你的腿有点偏胖的话，不妨穿上长裙，以掩盖腿粗的缺陷，如果保持长裙的平衡感有些难度的话，可在长裙上加上繁琐的外衣修饰，以朴素清雅的衬衫为佳，使上半身干净清爽，这样也会使整体感觉清爽修长，这样既保持了平衡感，又体现出了成熟美。

注意事项

不要像右图这样穿，否则会破坏平衡。

♥ 豹纹，难以抵抗的魅力 ♥

豹纹是人气元素，每年都十分流行，但是豹纹既花哨，又难以装扮，既然这么难以装扮，那又为什么这么流行呢？

超级性感装扮

首先，为了尽显豹纹的性感，建议上身选用豹纹皮衣，这样既能显得有品味、豪华而又吸引人眼球，能够将性感表现得淋漓尽致。再配上里面的金丝织物，闪闪发亮，可帮助提升性感指数。如果上身的装扮显得蓬松的话，里面就一定要搭配简单的皮裙之类的紧身装扮，这是性感装扮的关键所在，另外配合紧身皮裙，穿上豹纹紧身裤，可以增强美感！

也可以上身穿豹纹紧身吊带，下身穿布料柔软下垂款式的非豹纹裤子，同样能提高你的性感指数。

超可爱豹纹装扮

首先是上衣，可爱装扮中最不可缺少的就是粉色的带有豹纹花边的衬衣！裙子也选用三段花边式的豹纹图案，尽显可爱，最后将豹纹方巾扎在头上，这样，可爱的豹纹装扮就完成了！

豹纹也可以不张扬且凸显个性！

迷彩豹纹任务

可能豹纹总给人太过花哨，有种肉食系的感觉，穿上之后会让人无法平静，而且好像只有个性鲜明的人才能驾驭那种豹纹的性感，但是，那些喜欢豹纹的普通女孩该怎么办呢？下面就为大家介绍一些不带肉食系感觉的豹纹装扮，让所有女孩都能与豹纹亲密接触。

首先准备一条绿色的低腰连衣短裙，那么为什么选择绿色呢？这是因为豹纹原本就是在丛林中掩藏自己的迷彩纹，将花哨的豹纹与绿色相搭配，会更加协调一些。

在连衣裙的基础上加上豹纹，选用显得花哨的豹纹；在围巾等大面积的装饰时，选用浅色豹纹；面积小的装饰，如胸花和鞋子则选用深色豹纹。

不喜欢花哨豹纹的人，可以先试着使用小面积的豹纹装饰，习惯了之后，可以选择豹纹紧身裤、连衣裙等，久而久之，就会习惯全身豹纹的肉食系装扮了。这样，将流行元素豹纹装扮出自己的风格，装扮就完成了。

其实豹纹会一直这么广受欢迎，是因为它是会根据使用者的不同，而产生不同效果的万能装扮元素，试着挑战流行元素也是人气装扮的乐趣所在，研究适合自己的装扮，享受属于自己的豹纹装扮是非常重要的！

第 *32* 课
挑选适合自己的装扮，
抓住心爱的他的眼球

每个人都有穿喜欢的衣服、自由打扮的权利，每个人也都有自己的美丽，按自己的想法和喜好，做适合自己的装扮吧。

——这一课你要牢记的谏言

我25岁了，我表妹18岁，我们走在一起，别人常常会认为我是妹妹，她是姐姐，我们对此都不在意。

但在公司最近一次选拔主管时，能力极强的我却因装扮不够成熟，而错失那个位置。

我表妹也在向暗恋的男孩表白时，因过于成熟的装扮，而遭拒。

同样悲催的我们，抱头痛哭，但也无济于事。

遂决定，改回符合自己年龄和阅历的装扮，这样的我们顺眼多了！

你是否在装扮上很没有自己的主见，常常会模仿明星们的穿着，或者根据杂志上的推荐装扮，自己完全照搬去做，或者看到周围的朋友怎么穿，你也紧跟着穿同样的衣服，结果导致频频撞衫，还有就是男朋友要求你怎么穿你就怎么穿，完全是个"傀儡"……这些行为都说明，你是一个没有个性的女孩，头脑有那么一点点简单，不懂得用脑思考，这样的女孩可是很不受男孩子们待见的！为了吸引对面的男孩看过来，从现在起开始做一些改变吧！

思想改造是装扮的前提

首先要彻底颠覆自己的着装思维，你完全没必要过分效仿模特、明星及周围的人，重要的是要适合自己，从而展现出自己的魅力。你要相信自己天生具有人气女孩的潜质，只需要细细雕琢，就能闪闪发光，所以从现在开始放心大胆地朝着目标努力吧！

不要因为在意别人的看法而勉强自己穿不喜欢的衣服，如果这么勉强自己的话，不但自己不会开心，男朋友也不会真的高兴！对于男朋友的意见，或者心仪男孩的想法，你只要借鉴即可，不要盲目贯彻他的建议，毕竟衣服是穿在自己身上，自己不舒服的话，别人也会跟着别扭，所以要尊重自己的感觉。

而且打扮这种事情要靠自己一点点去实践、去挑战，同时打扮也是需要勇气的，只有自己发自内心地想要自己变美，才会有自信，才会更喜爱自己，从而就会想要让自己变得更可爱，也就是说自己要爱自己！这就是你变美的第一步。是的，从现在开始，更爱自己吧！间接地，暗恋的他也会跟着迷上你的。

清爽装扮，与聪明的他更般配

如果你的男友是属于头脑聪明且还算比较帅的类型，往清爽方向搭配会让你们更般配！所以说，你应该怎么简练怎么穿！在这里推荐以白色为主的上衣！而最适合搭配白色上衣的，是能让人感受无比清爽的条格裙子！

同时选择饰品时要注意自己原有的独特之处，来提升自身的魅力，比如开朗性格、积极的思维方式、活力十足的体质等，选择向日葵饰品来装点自己，会让你显得更阳光。

白色衬衣

格子裙

向日葵头饰

你是不是也有雀斑的烦恼，对自己脸上的雀斑懊恼不已，但是，雀斑在英语中有天使之吻的意思。如果隐藏被天使亲吻过的雀斑，实在是太可惜了，不如把它作为自己闪光的魅力所在，与之和谐相处吧！

雀斑女孩

温暖的雀斑女孩妆容

为了突出雀斑的魅力，化妆是最重要的，具体建议如下：

唇膏选用带有透明感的颜色，眼影用微淡的咖啡色，另外，在两颊涂上可爱的橙色系来衬托，这样就可以变身成为适合冬季的温暖的雀斑人气女生了。

雀斑妆容

超人气森林女孩装扮

向雀斑人气女孩推荐的是超人气学派——森林女孩，这是将女孩的气质和男孩般的爱好相融合，好像在森林中小憩的天使般的可爱时尚装扮，其装扮的关键点在于以黑色、白色等单纯稳重的颜色为底色，并在合适的地方加入红色、粉色、橙色等给人强烈印象的颜色，自然的装扮充满活力，很适合雀斑人气女孩的形象！

森林鞋　森林包　森林服饰

像雀斑一样，让自己感觉不好的特征在别人看来，也有可能是让人羡慕的魅力所在，不要隐藏，带着自信让自己闪闪发光吧！这才是真正的人气装扮！

灵活的大眼滴溜溜地乱动，大咧咧的性格，常常率性而为，带着一些男孩子的特质，给人独立，值得人信赖和依赖感，可能还会时而温柔、时而火爆、时而细腻、时而粗线条，这样的帅气女孩，是不是很别具一格呢？所以，为了将自己的帅气发扬光大，在着装上你也需要好好地用用心！

首先，你不需要掩藏你的帅气本色，这并没有什么不好，这是属于自己的独特个性与气质，但为了减少"男人婆"的感觉，增加女性化的帅气，不妨将一些很别致的发饰，比如小海龟、小螃蟹、向日葵花等时尚小发饰别在头上。

看，我现在是不是带着帅气感呢？

其次，不要逃避裙子，裙子可以糅合你的男孩气质，如果感觉裙子太柔媚的话，可以选择冷酷一些的颜色，这样会给人干练的感觉。

在颜色的选择上注意尽量避免很女孩子气的颜色——粉色，可以选择夸张一点的狂野元素，比如豹纹等。配饰尽量选择大一点的，这样可以凸显你大方、不拘泥的性格。

遵守以上装扮原则，既可以让你保持原本的帅气气场，同时还增添了一抹女性的干练，让你更加有人气。

 人气女孩要点温习

1. 自己的打扮不仅要考虑到对方的喜好，更要体现出自身所拥有的魅力。

2. 脸上布满小雀斑，不需要用遮瑕膏掩盖，大胆地让它曝光吧，这样做不但不减分，而且还会增加你的可爱度呢！

3. 想让自己帅气一点，也不用回避裙子，合理的搭配会让你的帅气中融入妩媚的气质，双重气质会让你呈现不一样的感觉。

轮换！
旧款衣服也能变得时尚哦

时尚也是一种创意，是一种自己思想的体现，打开衣柜，想一想，试一试，说不定你就成为了今年的时尚流行教母！事实上，人人都有时尚基因，单看你是否愿意打开这扇门！

——这一课你要牢记的谏言

> 我的男朋友是一个很懂得时尚的人，每一次约会他都会穿不一样的衣服。

> 为了能跟得上他的时尚脚步，每一次约会我也会根据当下的流行趋势穿不同的衣服。

> 去商场购物也成为我日常生活中最重要的一部分。

> 后来，朋友告诉我，不同的衣服换一种搭配方式，就会产生不一样的美丽效果，可是该怎样对衣服进行轮换呢？

> 长此以往，我的衣服越来越多，钱包却越来越扁，为此我很苦恼！

你在一个家族中，是不是有不少堂姐、表姐或者嫂子以及一些长辈，而你作为家族中年龄偏小的一位，是不是经常要拾穿她们剩下的衣服，让你的心情非常郁闷呢？或者你之前买的很多衣服，是不是因为穿的时间长了而失去新鲜感，便将它们束之高阁了呢？其实你完全没有必要如此，现在传授几招旧衣服的时尚穿法，让你重新焕发当初第一次穿上这件衣服时的兴奋心情。

🌸 轮换搭配，重现新时尚感觉 🌸

为了看起来时尚，平民女孩最重要的不是去购买新衣服，而是应该学会轮换着搭配。现在，我来教你几个轮换搭配的方法。

💜 **要点一**：把握好自己手中的各种服饰，配上图整理一下，做成一个服饰笔记本，就可以避免买到重复的东西了，推荐用手机拍下自己的装束。

💜 **要点二**：决定基本搭配，选出自己最喜欢的服饰搭配。

💜 **要点三**：不同的基本搭配给人不同的印象，例如：如果你的打扮和装束是甜美派的，可以尝试穿上休闲的T恤，这样你的形象就会焕然一新。相反，如果想看起来成熟的话，下面可穿上淑女裙。就这样三种不同风格的装束就完成了。把自己不想穿的旧服饰，和朋友想要丢弃的服饰互换一下，重新搭配着穿，也是很好的主意哦！

💜 **要点四**：流行饰物要漂亮廉价，尽量不要去品牌店中购买，可以去一些时尚小店或夜市上的摊位上去淘一淘，你会找到很多漂亮且价格便宜的饰物。

甜美派　　休闲派　　淑女裙

🌸 旧衣服改造术，重新焕发光彩 🌸

你也有和朋友穿着相同衣服的时候吧，也就是俗话说的"撞衫"，作为个性女孩一定要尽量避免这种情况的发生，不过一旦发生也不必心情不爽，在这里紧急教你几招改造术，让你安然度过人气大危机。

首先准备一些蕾丝和花边，使用自己所中意的材料来愉快地一起装饰自己的服饰！最容易改造的地方是拉链和口袋附近的装饰。

改造妈妈的旧衣服，增加年轻时尚感

要和恋人的父母见面的话，要取得对方的好感，关键在于能否让对方觉得自己就是最合适的那个，着装就是第一个关键点，那么穿什么样的衣服比较好呢？

建议女孩子最好穿正式一些的服装比较好，如果你没有成熟一些的衣服的话，不妨打开妈妈的衣柜，借一下她的衣服穿，如果感觉妈妈的衣服过于成熟的话，可以进行一些调整和改装，具体方法如下：

1.如果是开襟的夹克衫，首先将夹克衫上的纽扣全部剪掉。（见下图①②）

2.准备一些装饰物，比如徽章、漂亮的图案等，将其装饰在口袋上或是肩上，这样整体看上去达到一种平衡。（见下图③）

3.接下来准备一些大小、颜色不同的漂亮纽扣，将纽扣和别针一起装饰在刚刚熨烫过的图章的周围，这样就变成了十分精巧的装饰，会让衣服显得更加华丽。注意在制作时，要体现出图标和纽扣的不同特色，使其很好融为一体。（见右图④⑤⑥⑦）

4.最后的装饰是丝巾，可将两种不同种类的丝巾重叠，穿过纽扣洞，做成大大的蝴蝶结。注意，关于要穿过哪个纽扣洞，要看图标和纽扣的位置，考虑好整体的平衡后再决定。（见下图⑧⑨⑩⑪⑫）

5.这样，人气装扮的夹克衫就完成了。（见下图⑬）

注意，在穿着时，可将袖子卷起一部分，会让人感到非常清新活泼，看上去也不显死板了。

穿时挽起一点袖子。

穿夹克衫的时候，里面的衣服稍显随意些能更好地体现平衡，一般推荐带帽风衣或是吊带衫。

除了以上方法，我们还可以剪去衣服原有的领边和袖口，再用其他材质的布料重新制出领口和袖边，然后再用拼布、纽扣、蕾丝花边、各式链子装饰在衣服上，如果再在衣服的下摆处缝出别致的装饰线，这样就会改制成一个全新款式的衣服了，有一种旧貌换新颜的感觉。

如果是长袖的衣服，也可以将袖子剪短，变成七分袖或者T恤，或者把高领剪掉，变成无领衣服，再在领口处缝上其他材质进行装饰，尤其是高领打底衫，将其领子裁掉后，会变成露出锁骨的大圆领口，而且其剪后还会形成自然卷边，穿上身后反而更添潮流时尚感。

如果是旧衣服的料子非常好，而且图案很别致，特别是真丝、亚麻等材质的，完全可以将其剪裁成围巾或丝巾，这样就别有一番时尚味道了。

一件衣服，百变穿法 ♥

现在很有人气的两用式，用一样的服饰，变换为两种方法穿，非常方便哦！接下来就依次介绍这种超级搭配。

作束腰长裙   作吊带裙

吊带田园裙可单纯地用原始穿法，即单品穿戴，也可与T恤结合着穿，可将套于T恤外面，作为高腰裙来穿。

作T恤   作裙子

一些上衣也可以作为裙子来穿，同样会达到非常时尚的效果。

时尚四季色，做自己的加减法搭配大师

每个女孩都应该掌握最时尚的潮流资讯，每个女孩都应该学习最基本的装扮常识，每个女孩都应该尝试做自己的搭配大师，这样你才能美丽不求人。

——这一课你要牢记的谏言

在明媚的春天，和男朋友一起去野餐吧！注意要打扮得暖和一点哟！

在炎热的夏季，穿着清凉装，和男朋友一起去砂冰店去吃砂冰！

秋天来了，红叶红满了山，打扮得漂漂亮亮的，和男朋友一起去欣赏吧！

下雪了，穿得既时尚又暖和地和男朋友一起撑着伞漫步在雪中吧！

一年有四季，四季各不同，春的清丽、夏的浓烈、秋的浪漫和冬的严寒，都别具风情，女孩子们也应该配合季节的改变，而做出相应的调整，从而享受不同的时尚，做一个百变的动感的四季女孩，而且更为重要的是，每个季节都承载着女孩们不同的梦想，现在，我们赶快将自己装扮起来，去追求那闪闪发光的梦想吧！

🌸 春天来了，穿戴有生机，但要注意保暖 🌿

白色的冬天走了，绿色的春天来了，天空开始泛蓝，云朵也渐渐地褪去了灰色，慢慢转白，各种植物的新芽探头探脑地钻出地面，或者悄悄地冒出枝头，染绿了整个世界。女孩们经过一个冬天的闭关，开始走出充满暖气的房子，毫不留情地卸掉身上臃肿的衣装，再也不愿意裹得像雪人一样，而是换上五颜六色的轻便的衣装，花枝招展地散步在街上。

当然，春天也是恋爱最好的季节，女孩们的爱情也会如春天里的植物一样，开始逐步生根发芽，甚至以后会长成参天大树，所以，女孩子们，没有男朋友的，抓紧时间向心仪的那个男孩表白吧，如果不好意思说，想避免尴尬，可以约他一起去踏青、野餐、放风筝、春摘等，在玩乐中不经意间透露你的心迹，很可能你就会收获一段甜蜜的爱情！如果你已经有男朋友也不妨继续上面的事情，这样会增加你们的甜蜜指数，使你们的爱情持续升温哟！

春天的约会，当然要有符合春天的装扮，这样才能让你的他眼球为之震颤，那么怎样的装扮才更贴合春天的味道呢？接下来，就一起走进今天的装扮课程。

春天虽至，保暖依旧

虽然说春天已经来了，气温在渐渐地回升，但在初春时，天气仍然感觉有些冷，即使春天已经来了不少日子了，但要知道，春天是很容易出现"倒春寒"的，所以不要为好看而穿很薄凉的衣服，要穿得暖暖地去约会哟！你可能会担心春天穿多了，会失去春天的味道，其实春装也可以既轻便又保暖，如果搭配得好，就不会变成像冬天的大雪人那样了。不过，这需要你掌握很多的窍门，下面就为你介绍一些这样装扮的要点。

春天来了，别急着脱衣服。

　　保暖最佳选择就是棉毛衫，注意棉毛衫并不是老奶奶们穿的那种贴身内衣哟，其实现在的棉毛衫是非常轻便时尚的，一旦出汗也会很快吸收，在外面加一件衣服的话，也会让你感觉很苗条！

　　选择适合的棉毛衫和底裤，与蛋糕吊带裙搭配，同样也能打造惊艳的效果。

蛋糕裙　　打底裤　　棉毛衫

　　要挑选暖和的外套，尤其是要选择颜色鲜艳的内衫与外套搭配，比起短装外套，长装会更适合一些，这样既能够贴合春天的主题，又可以使脖子显得修长一些。（见下图）下面再搭配一件碎花吊带裙，这样一来，臀线就会显得小巧，上下身也比较协调，非常适合搭配春装。

　　如果想穿短裤或者短裙，可在下面配一双长腿袜，如果外出的话，也可以将衬衫绑在腰间做成裙子的样子，这也是时下比较流行的穿衣方法。（见下图）

　　等到天冷的时候，就可以这样穿了，怎样？很暖和吧！而且大家还可以享受到变装的乐趣，一日两装！

穿在身上　　系在腰上

穿上时尚棉毛内衣，也会让你的人气指数上升！尤其是现在有很多设计得很可爱的棉毛衫，再搭配上图案漂亮的打底裤和围腰，这类装扮是我们极力推荐的！

披肩是春天装饰必不可少的，选一款带有春意的披肩，或者自己喜欢的披肩，在增加你的风采的同时，也会阻挡春寒的袭击，一般最常用的围戴方法是：将长方形的披肩按左右长度比为2:1的比例披在肩上，一端搭在另一侧的肩上，最后注意整理一下披肩褶的形状，尽量减少披肩褶，否则的话，会让你看起来有些臃肿。（见下图①）

或者只是将披肩单纯地披在肩上（见下图②），也可以将披肩束在腰上，变成裙子，同样不减风姿。

以2:1的方式搭在肩上。

简单地披在肩上。

轻薄围巾御寒又时尚。

围上轻薄的围巾，时尚又有暖意

脖子上还可以搭配一条围巾或者是丝巾，这样能够将服装的整体视线上移，是苗条身材的关键，而且还可以御寒哦！（见右上图③）

迎接春天，胸花是心灵的花束

春天来了，四处生机勃勃，你是否还没从冬天里走出来，是否还没有褪去冬日灰暗的服饰，如果是这样，那你也太不灵光了，现在赶快行动起来，让春天里的自己也染上色彩吧，催生绚烂最有效的一个道具就是胸花，胸花除了像这样作为大衣的装饰使用外（见右图），还有各种不同的装饰方法，在此向大家隆重推荐。

服饰加朵花更有春意。

■ **围巾装饰**：装饰在颈边，更能体现女性的气质与优雅。

■ **帽子装饰**：贝雷帽、针织帽最为适合，也可与鸭舌帽搭配，就连帅气的装扮，也能像这样同时展现不同风采。

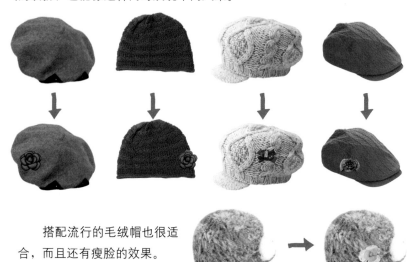

搭配流行的毛绒帽也很适合，而且还有瘦脸的效果。

■ **头饰装饰**：与平时使用的头箍、头绳相搭配，看，一下子就变得十分华丽了。

另外，还能和包包、项链等进行不同的搭配。

这样一番精心装扮，不用穿得臃肿就能保暖了，约会就会万无一失了，并且还能俘获他的心哦！

夏天来临，尽情展现夏日风情吧

　　夏天，是最闪亮的一个季节，它就像一个绚丽的调色盘，樱桃红、柠檬黄、葡萄紫、芥末绿、藕荷色等都迫不及待地大张旗鼓地爬上T恤、针织衫、靴裤、腰带、手袋以及各种缤纷饰品，你想视而不见都难。当夏天正式来临之时，你的时尚需要再大胆一点，因为这正是最适合发掘新魅力的季节，也是你展现新魅力最好的时候，如果装扮得当的话，这个夏天人气第一的女孩就非你莫属啦！但这并不容易，你需要掌握一些很重要的装扮技巧，尤其要注意掌握以下要点。

夏季穿衣原则大曝光

　　1.少掩藏，多暴露：夏天要穿皮肤暴露率较高的衣服，以能够展现线条美的时装为最佳。（见右图）

　　2.改变发型：就算是不了解时尚的女孩，在夏天也要多努力尝试改变一下自己的发型，以展现不同的魅力。

　　3.佩戴显眼饰物：佩戴能够吸引人的眼球的饰物，能让你像盛夏的太阳一样，魅力更加耀眼。

挑战平时不穿的鲜艳服饰

　　比如太阳一般的亮橙色，向日葵似的的亮黄色。

　　鞋和包也可以选用黄色系的，搭配使用颜色与服饰相符的眼影也很不错哦！

夏天试着挑战一下向日葵色和太阳色吧！

最典型夏装：T恤+超短裤

夏天最常见的清凉装扮T恤+超短裤，通过穿出各种超短裤的味道来享受夏天的清爽，不过在此要教给那些不擅长露腿的女孩，非常合适的搭配方法。

如果你对自己的腿型不是很满意，在穿超短裤时，可在上身加一件宽松些的吊带或T恤，这样就会吸引别人的目光往上看，从而达到很好的平衡效果。

此外，和轻飘飘的束腰外衣搭配也会让你的可爱度UP！UP！

换

宽松吊带

裙装，酷热夏季的不二选择

夏天穿裙子是最天经地义的事情，夏天不穿裙子，感觉就好像没有过过夏天，而且很多女孩，之所以"恋夏"，就是因为能穿裙子，可以说夏天是女孩子的季节。虽然人人的衣柜都有多条裙子，穿起来也很简单，但真正穿出格调来，那也是件高技术活。

看气质穿裙子

如果你是可爱青春型的女孩，建议你选择颜色比较清新淡雅的短裙，下面搭配白色或淡粉淡黄色的连裤丝袜，这样看起来是不是可爱度增加了不少。

如果你想让自己看起来休闲一些，建议你穿休闲一些的短裙，然后再搭配上五分或者七分、九分的颜色艳丽的短裤，脚上再套一款小平底圆头瓢鞋。如果你的大腿有些粗，可选择七分的黑裤袜。

如果你想增加自己的女人味，可以穿长裙、及膝裙或者连衣裙，建议不穿任何袜子，脚上穿高跟鞋子，很有一番风情哦！

看身材选裙装

夏天，由于穿衣比较少，身材的各种缺陷就会呈现出来，那么夏季怎样穿裙子才能遮掩这些缺陷呢？

丰满女孩：颜色和花纹的选择很重要，不要选择鲜艳或者浅色系的颜色，最好选择带有竖条纹的连衣裙，竖条纹在视觉上有收缩效果，会让身材看上去苗条纤瘦。尽量选择质地轻盈的面料，同样具有纤体修身的效果。

肚腩女孩：应选择高腰线裙装，但为了避免给人孕妇装的感觉，要选择上身贴合胸部曲线且裙摆蓬松的款式，这样不仅能轻松掩盖突出的小肚子，而且还能塑出胸部曲线。

丰臀女孩：虽然丰臀很性感，但如果过大就会显得臃肿，因此建议选择圆裙，比如塔裙、蓬蓬裙、大摆裙等具有膨胀感的裙款，这样能让你丰满的臀部更靓丽出位。

💗 **娇小女孩**：最好不要穿拖地长裙，可选择色彩对比度大的小裙装，比如白底黑色纹印花的，这样会提高搭配立体感，也可以是下面能够穿七分裤的超短裙，当然最好的推荐还是连衣裙，这样可以显出你的腰身，增加窈窕感。另外，选择面料向下垂的比较好。注意一定还要穿5厘米以上的高跟鞋才到位。

💗 **粗腿女孩**：应选择不规则裙摆、雪纺质地、裙长至小腿肚一半位置的裙子，这样能够混淆视觉，让视点放在纤细的脚踝上，转移焦点，同时能给人纤瘦的感觉。

夏季是上天为了恋爱而创造的季节，一定要好好利用哟！按以上这些要点装点自己吧，会让你今年的夏天过得无懈可击。

穿裙子要看自己的身材情况！

🕊 秋天里的时尚，掌握加减法搭配，展现秋色 🕊

秋天，是成熟与收获的季节，同时也是落叶飘零的季节，和春天一样，是一个适合谈恋爱的浪漫季节，而且这个季节也正是红叶吐红的时候，看，像婴儿的小手掌一样的红叶，很可爱吧！瞅个休息日，将自己打扮得美美的，和他一起去赏红叶吧！

执行秋天时尚加减法任务

秋天学会加减穿法，时尚又健康。

秋天随着气温逐渐降低，我们身上所穿的衣服就会逐渐增多，因此可以说，秋季是一个叠加衣服的季节，可是一味地叠加衣服和饰品只会让人感觉厚重，时尚最重要的就是减法。如果在叠加装扮时失败的话，不要沮丧，减掉一些就好了，比如戴帽子的时候，可以减掉围巾，让脖子漏出来，裙子、牛仔裤的长度可以缩短。

这样虽然看上去清爽了一些，但可能让人感觉没有什么张弛度，也感觉没什么亮点，这时就要算加法了，比如把脖子上的围巾栓在腰间作腰带，再配上一个漂亮的胸花在围巾的打结处，可以塑造出一个亮点。

时尚算术不管错多少次也没关系，多次加加减减，总能得最合适的答案。

秋天，遵循自然本色

秋天的潮流就是保持自然，现在开始执行自然可爱任务吧！所谓自然可爱，就是指保持自然的可爱的流行装扮，可以将女孩子原本的魅力自然地表现出来，注意执行以下要点：

■ **自然可爱的要素——白色：**方领的衬衫，白色的连衣裙，选择充满纯洁感的白色，但是，如果只是单纯地穿白色的话，可能会显得有些单调，建议和其他颜色相搭配地装扮！

吊带长裙

短袖白衬衫

方领衬衫

■ **尝试加上外套：**外套也是装饰的一种，比如浅浅的仿佛天空一样的蓝色会给人留下深刻的印象。

天蓝色的外套和白色的连衣裙相搭配，会给人蓝天白云的感觉，非常适合天高气爽的秋天。

配上小花图案的装饰也很流行。

再搭配上裙靴。

这样打扮起来，是不是很接近西式的流行装扮呢！

■ **自然可爱的发型：**如果你是长头发的话，编一个麻花辫吧，并在麻花辫上喷上发胶。

麻花辫

然后，将其解开，自然柔顺的波浪式发型就完成了。

波浪卷发

自然可爱的装扮不需要太多的装饰，以便给人一种在不经意间体现出个人的自然魅力的感觉。这样，迎合美丽自然的装扮就完成了。

温暖长腿的装扮

秋季，气温慢慢转凉，此时不适合穿厚暖的打底裤，那么如何在保持温暖的同时，还会让双腿显示修长且引人注目呢？腿部的装扮是最关键的要点，在这里给大家的首推物件是长筒袜和靴子，它们会让你这个秋季看起来时尚又有魅力。

秋冬首先长筒袜和靴子。

充满时尚感的长筒袜

长筒袜的款式有很多，随着女孩们对长筒袜的青睐度不断增加，长筒袜的设计理念也越来越充满时尚感。比如双层长筒袜、上端外折长筒袜、彩色长筒袜等，从而成为了女孩们衣橱中不可缺少的魅力装扮道具之一。不过，长筒袜的选择与搭配也有着非常严格的要求，不掌握这些要点随意穿着的话，可能会适得其反！

要点一：根据身材选款式

一些女孩喜欢穿火红、蔚蓝等色彩艳丽的长筒袜，如果你是腿型优美的青春少女的话，这是非常值得推荐的一种穿法，但如果你已经步入职场，且心智比较成熟的话，即使你体型匀称、双腿修长，也不要穿得这样鲜艳，否则会给人不成熟感，从而影响你的职场运气，建议你穿一双透明的薄质长筒袜，这样会帮你塑造得更为典雅。

觉得自己的腿比较粗且短的女孩，对于长筒袜你就要忍痛割爱了，选择深色或者透明灰褐色、深棕色的短袜吧，这样会让你短粗的双腿在视觉上显得纤细修长一些，如果只是单纯的粗腿女孩，则建议选择深色、直纹或者细条花纹的长筒袜，这样可以使你的双腿显得比较细一些。

要点二：根据肤色选颜色

长筒袜有很多种颜色，可谓五彩缤纷，任君选择，但在选择颜色时应注意根据自己的肤色而定。如果你是一位肤色较黑的"黑姑娘"，千万不要选择穿白色的长筒袜，它会与你的肤色形成强烈的对比，而给人断层或者头重脚轻的视觉感受，会让你成为一点美感也没有的"灰姑娘"；如果你是一位肤色比较白皙一些的女孩，推荐穿浅色、浅棕色的长筒袜，这样会让你看起来有和谐、统一的美感，千万不要穿黑色的长筒袜，否则同样会产生断层或者头轻脚重的视觉冲击，从而降低你的美感度。

要点三：注意与服装搭配

在选择长筒袜时，应注意与服装的搭配，使他们之间既保持着内在的联系，又拥有和谐的美感，到达这样的搭配高度可能没那么容易，不过一旦掌握了搭配要点，就能让你看起来既大方又楚楚动人。比如：长筒袜的颜色一定要和鞋子相衬，且长筒袜的颜色应略浅于皮鞋的颜色；如果要穿平底鞋的话，可搭配大花图案和不透明的长筒袜；如果身上穿的服装和戴的配饰比较复杂的话，腿上的长筒袜则尽可能简单、清爽，否则会增加累赘感。

秋季的时尚装扮从靴子开始

换穿不同的靴子，给人的感觉和平时不一样，比如成熟的装扮配上颜色艳丽的鞋子，就会在成熟优雅中透露出调皮的双重对立感觉；在下雨天时，穿上靓丽的雨靴，会给阴暗潮湿的天气带来视觉的冲击，会让心情泛起丝丝涟漪，可见，鞋子是时尚装扮的关键之一！

秋天来了，虽然这个季节穿着色彩艳丽的高跟鞋的确不错，但是会给脚带来负担，并且还会感觉有些凉。因此，在这样充满凉意的季节就轮到靴子登场了，它们不仅色彩绚丽，而且还很保暖。具体穿法如下：

将靴子与七分裤搭配，可以体现帅气的感觉。

七分裤 + 靴子

也可以将靴子和短裙、短上衣相配，展现活力风采。

短裙 + 靴子

如果配上优雅的长款外套，则能体现淑女的感觉。

长款外套 + 靴子

如此这般，即使是同样的靴子，也会给人完全不同的感觉。整体的感觉，从帅气到优雅，根据搭配不同能够自由转换的靴子，是展现时尚不可或缺的物件。另外，光脚穿靴子可能会感觉比较冷，因此再穿上漂亮的带有花纹的打底裤，就会漂亮很多，也会暖和很多。女孩们，这个秋季试着以上的长腿时尚装扮吧！

冬天冰雪女孩装扮，来一场冰雪恋歌吧 ❤

寒冷的冬季还将继续，寒冷可是女孩的大敌，也许你会觉得冬季的打扮太过困难，冬装确实显得很死板，想要展现出和平时不同的自己，又不失自己风格的装扮，感觉好像是一件很难的事情，即使打扮起来再困难，也不可以随便哟！那么，你应该怎么办呢？迎难而上，点燃自己的斗志吧！寻找自己的魅力真谛！相信你一定能风光度过这个冬季。

穿戴冬季象征图案，为冬季增加色彩

冬季，服饰上的图案选择很重要，它们会给你那没有色彩的冬季带来意外的惊喜，比如日耳曼系图案，是将相同的图案像复写一样连接在一起，最具代表性的是带有驯鹿、雪花等冬季象征图案的日耳曼系毛衣。

麋鹿

雪花

日耳曼系服饰

搭配上冬季流行的温暖的毛皮（毛线）暖腿袜，暖腿袜不管和什么样的鞋子都十分相配，是很棒的冬季物件哟！

使用日耳曼系图案来抵御严寒，愉快地进行雪之恋爱吧！

暖腿袜

执行冬季围巾闪亮任务

冬装装扮的重点就是巧妙地使用围巾，那么，应该如何让围巾增加你的闪亮风采呢？

首先使用发箍套在围巾上，会让围巾变得很好看。

 + **=**

根据发箍不同的设计，会给人以不同的感觉。

还有很多其他的围巾的装扮方法，像这样配合围巾的布制的小花朵也会让你变得更时尚！

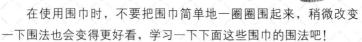

在使用围巾时，不要把围巾简单地一圈圈围起来，稍微改变一下围法也会变得更好看，学习一下下面这些围巾的围法吧！

🔺 首先在中央打上一个结。　　　　　🔺 像这样围在脖子上。

◀ 从节中穿过。　　　　　◀ 两边长度保持一致。

这样既简约又朴素的式样就完成了，而且这样的围法既适合衬衫，也适合外套。

还有下面这种左右分开的围法：

🔺 将围巾围在脖子上，缠一圈，两边保持同样的长度　　🔺 然后把围巾的两头同时折一下。　　🔺 两端都分别穿过围巾。

◀ 左右稍挪一下，蝴蝶结就完成了。

也可以这样在围巾尾处挽个结，将围巾穗圈起来，变成一个香囊的样子，把其余的围巾都塞进去，超可爱哟！（见右图）

执行纯白雪之女孩装扮任务

雪之女孩装扮，也就是以雪之颜色——白色作为基调的装扮，可能你感觉白色看上去有些单调，很难装扮，但是如果能有所张弛的话，就没问题了。

首先，选择白色的外套，可以是风衣、长款外衣、羽绒服等。然后为了显示腰身，配上腰带，通过增加线条，显得更加苗条。

加上轻柔的宽松的白色的毛皮帽子，会使脸型显得娇小。

接着，围上毛皮围巾，在领边进行装饰，有瘦脸的效果，而且雪白的围巾还会反射各种光亮，使脸上有不同颜色的光辉。

白色是能够进行不同装饰的百搭色彩，为了凸显恋爱的氛围，可以配上可爱的小装饰，会展现出小女孩的可爱靓丽之姿。

白色的服饰能够衬托出雪花的纯白，显示自己的风格，这样不仅体现了自己的风格，而且只要稍微改变一下装饰物，感觉就完全不一样了，之前像雪女，现在是不是像白雪公主了呢？

外表轻盈，内心炽热的冬季约会装扮

冬季，天气寒冷，很多人都宅在家里，不想出去，但是作为年轻的男孩女孩，窝在家里未免有些浪费大好青春，可是如果出去约会的话，穿得太多会让自己显得臃肿，而如果穿得太少，却又"美丽冻人"，该怎么办才好呢？

首先，要想有不显得鼓鼓囊囊的冬季装扮，推荐的是腿部的层叠装扮，过于性感的网眼丝袜，与能让人心情平静的灰色或酒红色层叠搭配，就变成了如此雅致的装扮了。

另外，恰到好处的将粉色、黄色、蓝绿色等，进行层叠装扮的话，会给人娇美的印象。

鲜艳的底色和网眼层叠装扮的关键点在于露出部分所占比例，穿短裙和长靴的时候，只露出一小部分，这样不会破坏服饰的平衡，成为整体装扮中的亮点。

穿浅口皮鞋时，在小腿上装饰暖腿袜，这样温暖度和时尚度都能得到很大提高。

接下来是上半身的温暖装扮：

如果不想戴帽子，担心破坏好不容易才理好的发型，推荐大家戴耳罩，毛茸茸的耳罩更增添了女性魅力，试着像佩戴装饰物一样戴上耳罩吧！

戴耳罩更护耳。

冬天，粗腿妹穿靴子秘籍大公开

冬天，是靴子大行其道的季节，它可以让你既温暖又时尚地过冬，但对于腿比较粗的女孩来说，则比较烦恼该怎样穿靴子才能让自己的腿看起来不那么粗呢？在选择和穿靴子时，你需要谨记以下原则：

💛 设计：粗腿妹尽量选择装饰比较少且设计简洁的靴子，切忌选择繁琐且细节颇多小设计的款式，否则只会让你的腿更粗，同时还要注意尽量选择宽松一点、不紧绷腿的靴子。

💛 材质：尽量选择有质感的皮质靴子，这样它们不会依附在腿上。

💛 长度：靴子的长度最好到膝盖下面一点点的地方，不要穿只到脚踝处的靴子，否则只会将最细的脚踝给包住，反而只剩粗的位置了。

💛 颜色：建议选择具有收缩腿型效果的颜色，比如深色系，包括黑色、咖啡色等，或者接近于黑色的深

蓝色、墨绿色等冷色系列，不要选择暖色系列，比如驼色、橘色、红色等，如果为了搭配衣服，不得不穿暖色靴子的话，也要选择偏冷色的暖色，比如绛红色或者比较深的酒红色，千万不要鲜艳的大红色，这样只会让你的腿看起来更粗。另外，亮度比较高的浅颜色，比如白色、肉色、金色、银色等就更不能穿了。

💛 装饰：如果觉得装饰太少，没有情调的话，要选择装饰部位在靴子两端的，或者在靴子的脚踝处或者靴子的最上沿也可以，但切记不能在靴子中部即最肥的腿肚地方，装饰的材料要与靴子保持同一色系，否则可能会因色差较大，而夺去靴子本身的光彩。如果是不仅腿粗，就连身子也很丰满的话，不要选择很精致很小女人的装饰，否则会不符合你的形象和风格。

💛 服装搭配：对于腿粗的女孩来说，穿裙子是再好不过了，但在选择裙子时需注意，不要穿厚重的、毛茸茸的款式，面料最好选择呢子的，颜色以深色为最佳，丝袜建议也尽量选择深色的，脚上穿一双高跟靴，上身再穿短上衣，能起到很好的修身效果。包包应选择小一点的，如果太大的话，会有整体重心下压的感觉。

现在打扮妥当了吧？约你心中的他一起出来约会吧！在漫天飞舞的雪地里，和他一起享受雪地漫步，尽情展现属于自己风格魅力的冬季时尚，做他独有的雪精灵，迎着风雪，去追他吧，多么浪漫呀！

第35课

佩戴饰品也有技巧，掌握了才能闪闪惹人爱

请不要给自己的心挂上太多的装饰，要是勉强自己，连自己的心都挂满了装饰的话，自己真正的感受就绝时无法传达给喜欢的人。

——这一课你要牢记的谏言

我对饰品有着狂热的追求，恨不得把钱包里的钱全部用来买首饰。

因此，我的首饰箱里有着大量的各种饰品，我对它们爱不释手。

男朋友看到我，也无奈地直叹气。

常常尽可能多地将它们带在身上，给人金光闪闪的感觉。

我的好朋友常常鄙夷地看着我，嘲讽我：你可真俗！

看着镜子中满身的饰品，真的不舍得拿下来，唉！跟他们说再见，真的好难！

有人说过首饰是Only one，每一个首饰都有一个女主人，并渴望成为她的唯一，甚至有的女孩将其看作自己的闺蜜，因此很多女孩为了寻找独属于自己的那件首饰，常常是费尽心思，由此及推，男孩为了博得心爱的女孩欢颜一笑，也将寻找独一无二的首饰作为自己的使命，正因首饰具有如此重要的意义，很多首饰都是手工制作，且是独一无二的，当下很多女孩子在装扮时，戴上钟爱的首饰进行点缀，或者使用一些小小物品装点，会让你看起来更加可爱！现在就让我们来挑战一下饰品的流行装扮技巧吧。

♥ 让饰物掩饰容貌或身体缺点 ♥

佩戴饰品并不是自己喜欢就好，还要根据自己的身体资源进行调配，让自己的优势达到最大化，并帮助你掩饰自己身材和容貌上的缺点，好的饰品搭配方式，能让你不需要整形就能看起来完美迷人。以下给大家提供一些小建议，希望能对你有所帮助。

根据脸部资本选耳环

耳环的选择和搭配与脸型密切相关，圆脸女孩可选方型、叶型、之字型、泪型等垂吊耳环，方脸女孩可选卷曲线条或各种圆型的耳环，尖脸女孩可选三角型、大钮型、大圈型等夸张的能增加宽感的耳环。

有些女孩喜欢大的东西，比如戴大耳环，但这只限于那些头发、眼睛及颧骨都很漂亮的女孩，会吸引别人的视线停留在你脸的上半部。

对自己的眼睛不够自信的女孩，则尽量戴些长垂下来的耳环吧，这样可以吸引别人的视点在脸的下半部。

对于牙齿、鼻子、下巴或脸部皮肤不太出彩的女孩，建议戴小巧型的耳环，并搭配上带有大而显眼的垂饰的项链，这样可以转移别人的视点，避免别人把视点停驻在不出彩的地方。

如果你是一个有着迷人笑容的女孩，为了将别人的视点引向你的两片朱唇，就戴上长垂下来直到与唇部差不多距离的耳环吧！

双下巴、粗脖子简直是女孩们的梦魇，为了让别人的注意力远离你的颈及下颚部位，转向你脸的上半部，最好选择能够夹上去的耳环，因为它比穿耳式耳环戴的位置高一些，会帮助转移视线。

根据手型选戒指及手镯

有些女孩可能对自己的一双手很满意，不仅手型漂亮，而且手指修长，建议戴富有夸张味道的戒指及手镯，这样会让大家的眼球都转向你的玉手，从而忽视身材的其他不完美处。

对于手及手指长得不那么出彩的女孩，则在选戴戒指时应小心谨慎，比如如果手指比较粗大的话，可挑选起角和不对称的款式；如果手掌大但指甲修长的话，可挑选圆型、梨型或心型等能相对加重份量的戒指。

如果自己的手实在不宜展示，为了避免别人留意你的手，可不戴手镯及戒指，多戴项链。

根据颈、胸、腰及身高选项链

颈部皱纹多的女孩，为了让你的皱纹显得不那么"吸引"人，最好选戴下垂长度在皱纹下约5厘米的项链；对于颈部长而瘦的女孩，为了让颈部显得不那么瘦长，可选戴能刚好围住颈项的短而粗的项链；对于粗脖女孩，应选戴尺寸比较大的项链；对于短脖女孩，可选戴长而细的项链和一个小小的心形项坠，同时搭配上V形领的衣服，可在视觉上拉长颈部，使脖子看起来长而苗条。

"太平公主"们常常为自己扁平的胸部而苦恼，常常想方设法地自己的胸部看起来挺一些，戴项链就是非常简单的一种方式，平胸女孩其实戴什么款式都行，最重要的是，你一定要戴；对于胸部比较丰满的女孩，建议选戴长而细的项链，最好能粘住胸部，这样会让你的美胸更"吸睛"。

对于"水桶腰"或者腰稍微有些粗的女孩，为了不让腰过于显眼，可选戴90～100厘米长度的长项链，这样会让你显得修长一些，并且还能够吸引眼球，避免别人过于关注肥硕的腰部。

如果你有一个高挑苗条的好身材，为了让你看起来更婀娜修长，建议你戴一条附有垂饰的长项链，可以拉长你的身姿！

另外，所佩戴的项链吊坠要接近脸部，这样能够让脸部更亮泽，如果项链的吊坠比较小的话，可以再佩戴一条项链，这样一来吊坠项链的存在感就提升了。但要注意，在选择装饰项链时长度最好不一致。如果选择长度一致的项链的话，就有可能发生吊坠绞在一起的情况。（见右图）

符号首饰，让你的佩戴别具意义 ♥

符号有着各种各样的意义，四叶草的意义是传递幸福，缎带的意义是连接彼此的心，羽翼是让心爱之人永远幸福，糖果符号的首饰具有驱魔作用，这是因为传说恶魔最讨厌糖果了，当然也推荐把自己最喜欢的东西加到首饰中。

要让首饰变得夺目，有窍门地搭配是非常重要的，现在就开始独一无二的光辉任务吧！

用很多花哨的首饰来装饰美丽，是不可取的，为了让首饰发挥出更璀璨的光辉，其他的装饰品应稍微控制一下。在佩戴首饰时，应考虑首饰与衣服颜色、款式的搭配，尤其是同一系的首饰，比如项链、手链、戒指搭配起来，会有非常好的效果。

如果能好好地搭配首饰，就能让装扮达到登峰造极的地步，这样的话，你的自信心也会增加。

蝴蝶结——可爱女孩的百搭道具 ♥

蝴蝶结是可爱且百搭的很有用的道具，在女孩子中非常有人气，带有蝴蝶结的物品也很受女孩子喜欢。现在，我们就使用带有蝴蝶结的物品来挑战一下可爱的造型吧！

装饰在头发上的发卡似的蝴蝶结，能让朴素的头发一下子焕发出可爱且耀眼的光芒，而且还有小脸的效果，让你看起来很完美！

也可以作为可爱装饰来用，在胸前装饰上蝴蝶结，与可爱的裙子搭配起来，会让你的可爱度更满点。

一般最显眼的部位就是腰骶部，把丝带戴在腰部，不仅更显公主气质，而且还会吸引人的视线向上，使腿显得比较细，从而解决体型上的烦恼，但要注意选择大丝带。

配上蝴蝶结的包包也很不错哟！

另外，也可以将扎头发用的发圈作为手链缠在手上，再搭配上洋气的装束，会让你的时尚度增加哟！

怎么样？是不是很不错呢？现在利用蝴蝶结，和大家的时尚一决高下吧！

❤ 小配饰自己做，装点美丽不打折 ❤

对于心灵手巧的女孩，看着漂亮的配饰，是不是感到手有些痒，想自己动手做呢？下面就教大家一个自己做蝴蝶结的小方法，现在大家一起来动手尝试吧！

🔺 首先，选择一条漂亮的长方形布条，正面向上。

🔺 把长方形的布对折，注意正面在里，背面在外。

🔺 用针线沿着首端缝好，注意在缝制的时候要小心哦，不要伤着自己。

🔺 然后把它倒剥后外翻，露出布的正面。

◀ 再取一块布，宽度和长度是上面一块的一半，按上面的方法如法炮制成比上个窄且短的袋子。

🔺 把先做好的那个，画圆缝好。

◀ 再从正中掐好，成一个有褶皱的凹陷。

◀ 再拿另一个小的，覆盖在刚刚掐好的凹陷的表面，这样配饰就完成了

第36课

备齐女孩必备装点道具，为自己增光添色

不是贵的就是最好的，适合才是装扮的主道，大减价不是装扮的毒药，反而是装扮的战场。

——这一课你要牢记的谏言

闺蜜约我去逛街，我急忙换了一身衣服，就去赴约！

闺蜜看到我两手空空地轻装上阵，说了句莫名其妙的话："今天，你的麻烦要来了。"我对她的话，甚是不解。

当走出家门，眼睛突然受到夏日烈日的刺激，眼泪不由自主地不断掉下来。

一通擦拭后，妆便花了，闺蜜拿出镜子让我看自己，妈呀！那张脸惨不忍睹呀！

因为什么都没带，没有纸巾擦拭，闺蜜赶紧从她的包里拿出纸巾，递给我。

她从包里拿出化妆包，从新给我上妆。

我看着她挎着今年夏季流行的时尚包包，戴着很潮很酷的眼镜，整个行头很有范，很是羡慕。

很多女孩为追求终极的美丽，对自己的装扮无不是细之又细，尤其是一些辅助性道具，比如包包、太阳镜、香水等，更是女孩子向美丽进阶的人气魔法器，在有限条件下，让你的美丽充满无限可能。每个喜欢追求完美的女孩，都希望借助能够让自己变得更生动靓丽的道具，来为自己短暂的青春谱写最动人的恋歌，留下最美的记忆。为了实现这些美丽心愿，现在开始进行魔法道具魅力UP大作战吧！

女孩子的包包，藏有无限的风情

包包是女人外出必备的铁杆拍档，每一个女孩，几乎都是人手一包或多包，如果出门不拿包就会有一种莫名的不安全感，做什么事情都感觉惴惴不安，这可能源于包包的实用性，它可以放女孩们一些日常必备物品，让出门在外的女孩无后顾之忧，而且现在包包已经不单纯是用来盛装东西，更多的是在此基础上，设计越来越时尚，成为女孩们装点时尚的最重要的道具之一，因此，女孩在选择包包时，也越来越注重包包与服饰是否相契合。

遵循包包和服饰的搭配法则

很多女孩虽然认识到包包的重要性，但常常忽略包包与服装之间的搭配，认为二者是否相衬并不重要，事实上，挑选、搭配包包的难度要远胜于穿衣服，而且大部分人往往会通过包包观察你的品味如何，所谓"见微知著"，就是这个道理，那么包包应该如何与服饰搭配呢？

包包与服饰应契合。

小包巧搭秘术

❤ **作用与用途**：小包给人高贵优雅的感觉，能帮助提升人体的气质，可用于装钱包、化妆盒、钥匙、卫生纸等一些小东西。

❤ **材质和款式**：多为高档的牛皮包、猪皮包、羊皮包、鹿皮包等，这类多为手拿或者长带单肩挎包，还有一种是用各种布料制成，多为首饰小包。

❤ **颜色和花纹**：小皮包多为棕色、黑色、绿色、白色等颜色，小布包多为漂亮的花纹且颜色不限。

❤ **服装搭配**：小皮包主要与套装、套裙等非常女性化的服饰搭配，小布包可与清新可爱的公主裙、连衣裙搭配。

❤ **色彩搭配**：小包可以和鞋子用相同的颜色，也可以与服装的颜色相搭配，比如冷色服装配灰、蓝色皮包，米色服装配棕色小包等。

大包巧搭秘术

🔖 **作用与用途**：给人轻松、休闲、自然的感觉，内有拉链小袋，既可以放大一些的东西，也可以放票据、口红等小的物件。

🔖 **材质和款式**：有纯皮革、纯布料制作而成，也有皮革和布料随意组合而成的，款式也有很多，比如双肩、单肩包、手提包等。

🔖 **颜色和花纹**：不拘一格，各种颜色和花纹都有，完全能够满足你的各种需要。

颜色巧搭秘术

包的颜色既可以跟着鞋子、皮带和丝巾走，也可以与服装搭配，具体方法可参照下表：

搭配法	搭配方法	举例说明
同色系	将包包与衣服的颜色进行同色系深浅呼应搭配，能够给人非常典雅的感觉。	深灰色服装＋浅灰色包包，深咖啡色服装＋驼色包包。
对比色	包包颜色取与衣服颜色能形成强烈视觉冲击的对比色，这样搭配会非常抢眼。	黑色服装＋红色包包，绿色服装＋紫色包包。
中性色＋1个点缀色	即中性色服装配上点缀色包包。	驼色服装＋天蓝色包包。
印花色	包包的颜色可以是衣服印花中的一个颜色。	浅色彩虹裙＋深色彩虹包包，草绿色、米黄色、咖啡色印花服装＋咖啡色包包。

透明包包时尚置物法

这是今夏最受关注的东西，让酷热的夏天也能给人以凉爽的感觉。让酷酷的透明包包，和大家的时尚一决高下吧！使用透明包包时最重要的是要摆放整洁，乱七八糟的摆放就是人气的失职。

通过改变透明包包里面物品的颜色，每次都能进行原创透明包包大变身。

放在手提袋里能够提升时尚感的物品有：

🔖 **漂亮的笔记本**：把可爱的小本本放入包包里点缀一下也很漂亮。

🔖 **手提袋**：用于整理背包内物件的一款小东西，比如手绢、纸巾、手镜都可以放在里面。

🔖 **防晒霜**：人气女孩最重要的就是防止紫外线的入侵，所以护手霜不可少。

◟时尚创可贴：有朋友受伤也不要紧，贴上创可贴即可，要是能带上消毒水那就更完美了。

◟湿纸巾：出汗是人气女孩的大敌，用湿纸巾好好擦拭，立刻就能变得清爽了。

好了，今年夏天，大家就提着透明包包精神饱满地出门吧！

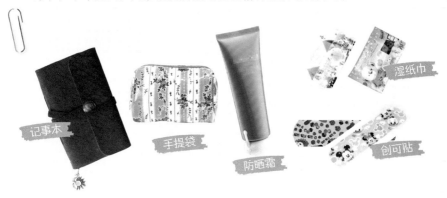

记事本

手提袋

防晒霜

湿纸巾

创可贴

挑一款适合你的太阳眼镜，能帮你放大几百倍的光彩

可能会有不少人认为，戴墨镜是为了低调，事实上并非如此，其实它会使你更高调，从而导致假低调真高调的事与愿违的奇怪现象，所以，如果你真的想低调，但又非常想戴眼镜的话，不妨戴无镜片的空框眼镜，这样不但让你看起来没戴墨镜那么高调，同时还能让你看起来更时尚，这也是近年比较流行的一种装饰眼镜的类型。但是在夏天不戴墨镜的话，你真的很对不起那炎炎毒日，尤其是毒辣的日头，不仅需要你给皮肤做好防晒措施，眼睛的防晒工作也是必须的，对于很多女孩来说，可能都会有这样的感觉：宅在家太闷、出去撑伞太麻烦、戴帽太热……真是不知道该怎么办才好？别急，戴一副时尚又悦目的太阳眼镜吧，不仅能帮助你挡住刺眼的阳光，而且还能让你成为阳光下最耀眼最炫目的那个女孩！

那么，应该怎样选择一款适合自己的太阳眼镜呢？

选一款与脸型高匹配度的太阳镜

太阳镜对于脸型的要求很高，不同的脸型需要佩戴一款独属于自己的太阳镜，这样才能让你光芒四射，否则可能会适得其反。那么，我们应该怎样才能选择一副与自己脸型很般配的太阳镜呢？

大圆墨镜对脸的包容性很强，它对脸型的遮挡和修饰效果绝对是最好的，但是如果你的脸比较圆润，不够立体的话，千万不要再戴圆形或者弯角的太阳镜了，否则会圆上加圆，你的脸就会马上变得超胖，超没有线条美感。建议圆脸的女孩选择四方且有些宽阔的镜框，或者选择一副有一点点复古，同时又有一点猫眼感觉的猫眼形太阳镜，对于担心自己的脸变圆的女孩戴上这两款太阳镜，就会适当拉长脸型，使脸稍微变长一些，看上去有椭圆之感，同时还能提升你的气场。

如果你的脸型是偏椭圆型的，这时就不要戴椭圆形的或者圆形的太阳镜了，原因和上面所说的圆脸是一个道理，建议你选择框型宽阔的太阳眼镜，这样从视觉上会拉伸你的脸面宽度、减短脸的长度，从而让你的脸看上去宽阔、大气。

戴与自己脸型相配的太阳镜。

对于方型脸的女孩来说，方型脸并不是一种很讨喜的脸型，常常给人硬朗、坚毅的感觉，有那么一点点会让你缺少女人味，为了中和脸部的硬度，建议你选择大圆框的眼镜，从而使你的脸部轮廓看上去柔顺不少，同时粗阔的框边又能展现你本身脸型的气质，使你展现柔媚且豪朗、圆润的矛盾美感。

如果说你还想将自己装扮得比较有女人味，比较性感的话，除了着装要妩媚外，你可以将你的长发弄成波浪卷，再选一款带有蕾丝和豹纹装饰的太阳镜，可以提升你的性感魅力指数。

如果你今天想出去和朋友或者男朋友去运动场的话，那你除了穿戴具有运动风和帅气感觉的衣服外，风镜型的太阳镜更是你今天的不二选择，当你在运动时，头发会随风飘起来，超有大牌明星范。

如何避免镜托压出红印的尴尬

戴太阳镜时可能大部分人都会遇到这样的情况：摘掉眼镜，会看到鼻梁上被压出红印。

这样就会瞬间让你很难看，尤其是在约会时，直接会使你的魅力指数急速下降，造成这种情况出现的原因，一是眼镜比较重，二是眼镜腿太短、弧度太小，当你戴上时就变成眼镜腿扣住你的耳朵，从而导致眼镜的鼻托向下压，所以选择较轻且镜腿合适的眼镜很重要。同时如果上面的情况都不存在，仍然会压出红印，你不妨去市场上买眼镜的增高垫，它是一个由硅胶制作而成的透明的小软垫，这个小东西很常见，眼镜店里都有卖，不用担心买不到。其用法是：买回来后，打开包装，将其撕下，粘在鼻托的上面，将鼻托包起来。另一个鼻托也像这样操作，包好后，戴上试一试吧，是不是感觉软软的，舒服多了？

保护眼镜不受损，需从细节做起

别看太阳镜看上去很有范、材质很不错的感觉，但却很容易破损，很可能一不小心就会伤到它，有的时候，我们是用外力将它弄坏的，也有时会因我们收藏不好，特别是眼镜与眼镜本身摩擦而导致的受损是最常见的，比如随便将眼镜放入眼镜盒里，或者将眼镜放入眼镜布套内直接丢进包里，就会造成镜腿与镜框发生磨损。

太阳镜本身会产生磨擦而损坏。

为了避免这种情况的发生，在放眼镜前，先用眼镜布包裹住镜面，再将镜腿合起来，这样隔着眼镜布，就不会发生磨损了。

用眼镜布包好太阳镜。

另外，有一些人习惯性地将眼镜顶在头顶上，这种行为是最要不得的，因为我们的太阳穴处的脸是比较窄的，而头的地方比较宽，一般你将眼镜从脸部推到头上，或者直接掰着眼镜腿硬卡到头上，就会将眼镜腿撑得很开，顶久了之后，再戴到脸上，就会从鼻根一直滑到鼻头，甚至一低头就会直接从鼻子上掉下来。而且最为要命的是，镜面会粘到头发上的尘埃或者细菌，当你从头上直接摘下再戴回眼镜时，很容易感染眼病。

太阳镜不要戴在头上。

还有一些人，为了耍帅装酷，会用手抓住镜框，直接斜着拉下来，这时候你拉扯的是一边，就会使两只镜腿的受力不同，从而导致镜腿变形，使好不容易调整好的镜腿与耳朵的协调度发生改变，最终导致整个眼镜变形、歪掉，等你再戴回去，可能就会发现：咦？眼镜怎么看上去歪歪的？

不要直接拉下太阳镜。

那么，眼镜到底应该怎么摘呢？当然是建议用两只手捏住两边的镜腿根部，均匀用力地将其摘下，你可能会觉得这样的动作好难看呀！那就转过身背对着人悄悄摘下吧！

如何选购一副满意的太阳镜

在买眼镜的时候，一般都会试戴一下，这时候可能会发现：咦？眼镜怎么戴起来一边高一边低？是不是眼镜是歪的？那你就错了，其实戴眼镜时会感觉歪掉，并不一定是因为眼镜的原因，很可能是你的耳朵是不一样的高度所致，因为我们大部分人的耳朵两边是不一样高的，所以即使眼镜调的再怎么正，你戴起来可能都会是歪斜的。

那我们应该怎么判断戴眼镜时歪斜是眼镜的问题，还是本身耳朵的问题？可以将眼镜平放在桌子上，看其两只镜脚是否都挨到桌子面，如果两只镜脚都挨，再用手碰一碰，看是否稳，一只挨一只不挨，或者碰触时不稳，那就是眼镜的问题，否则很可能就是你的头型和耳朵有问题！

平放在桌面上。

碰触眼镜看平稳度。

同时在这里提醒大家，买完墨镜后，你一定要去专业的店里面，让专业人员调整一下镜腿与镜脚连接处的弧度，尤其是比较高的那一边的耳朵，镜腿和镜脚要调整得适合它，这样你戴起来，眼镜看起来才会比较正。

注意眼镜腿的选择。

在我们购买眼镜时，往往比较注重眼镜的外形，比如是不是现在最流行、最潮的，而往往忽略眼镜本身的功能，当初太阳镜出现的主要目的是防眩光、防晒，比如我们在开车或是滑雪的过程中，会因超亮光的出现而使眼睛的瞳孔突然收缩，导致看不清楚，戴上太阳镜，则会避免这种危险情况的出现。所以，在购买时，要注重功能性的选择。

还有一些人为了贪图便宜，往往选择去路边摊上去购买，虽然那些太阳镜看起来很好看，而且与专卖店里的款式也很像，又超便宜，但那些劣质的太阳镜对眼睛的伤害是非常严重的，尤其是长期佩戴一副没有经过专业认证，甚至没有防晒系数、没有抗紫外线功能的太阳镜出门的话，可能会使眼睛患上各种眼病，甚至还会患上白内障。

另外，在购买时，也不要以为镜片的颜色越深，对眼睛的保护力就越强，越浅保护就越低，这样认为是不对的，事实上，太阳镜的保护作用是通过它的成分跟结构阻隔或反射掉紫外线的，一般抗UV（防晒指数）低于360～385之间是完全没有防晒功能，UV400，是防晒功能最好的，一般太阳镜上都贴有抗UV的标签，有那个标志的，一般其功能是达标的。

掌握了以上知识之后，也去买一款适合自己的太阳镜吧！戴上之后，是不是感觉一瞬间就将自己的光彩放大了几百倍，吸睛指数也达到了百分百满分。

为爱而香，激发男孩激素UP！UP！ ♥

都说"闻香识女人"，可见香水对女孩子来说有多重要，每个女孩子都应该有一款专属于自己的香水，现在比较流行的一种时尚，叫养香，就是通过长期使用精油、花草、香水、吃香体丸等措施，使身体散发出专属自己的香味，使周围的人一闻到这个味道，就知道是你来了，是不是很有意思？

特别是在黑漆漆的电影院里，和喜欢的人长时间呆在一起，那个时候你身上散发的芳香味道就会提升你的人气，激发男朋友的激素，为你们的爱情增加粉红指数。那么，如何选购和使用香水呢？这其实是有很多门道的，一起来学习吧！

你必须知道的选购小窍门

对于初涉香氛的女孩来说，能够拥有一款高品质的香水，是走入香氛世界的第一步，所以，你要掌握选购香水的一些重要的小窍门。

💋 **选对时机**：应选在清晨和排卵期等嗅觉最佳最灵敏的时候，去选购香水。

💋 **清爽上阵**：在去选购香水之前不要在身上喷洒香水，也不要使用带有香味的化妆品，同时也不要在剧烈运动后或饭后试用香水，否则会影响你对香水味道的鉴别。

💋 **勇于试用**：如果你对某款香水感兴趣，要勇于向店员索取试用装进行试用。可喷洒在手臂内侧、专柜提供的司香纸片、自备的小手帕或法兰绒布上，分别闻一闻，从而最终选择适合你的香味。

💋 **不要贪多**：闻太多款的香水可能会让你的鼻子产生腻烦感，因此事先你应先了解自己喜欢什么样的香味，然后再根据香味去选择一款香水。否则如果试闻超过5种香水的话，你的香味判断力可能就会失灵，从而导致选香失败。

💋 **要有主见**：可能在你去选香水时，会有导购小姐或者营业员向你推荐，不要被她们的说法煽动，应由自己或者男朋友来拍板定夺，尤其是尊重自己的感觉才是最重要的。

选对香水很重要。

正确使用香水，让香氛满点

正确地使用香水也是增加人气最为重要的技能，能够提升女孩的魅力哦！那么，香水到底应该怎么使用呢？

首先，香味是由下而上散发的，比起用在上半身，不如在膝盖后部、脚跟部稍微喷一点。（见下页图①②）

在手腕内侧使用也可以，按一下就足够了，一定注意不要过量。（见下页图③）

接着两手腕来回轻轻地摩擦。（见下页图④）

使用香水时，你必须注意的事

🌱 应少量而多处喷洒，避免一次喷得过多，否则会很浓烈，让周围的人不舒服。

🌱 记住香水也有颜色哟，喷在浅色衣物上，会留下污渍，注意应避免。

🌱 香水喷洒的方式也应遵循季节的变化，具体可参见下表：

季节	避免喷洒的位置	避免喷洒的理由	推荐喷洒的位置	用香类型
春天	不要直接喷在皮肤上。	春天皮肤易过敏。	可将香水喷在衣物上，比如衣领、胸前内领口、衣襟、袖口里衬、内衣、裙角花边或裙角里衬等处。	早春使用花香型，晚春使用果香型。
夏天	不要直接喷在皮肤上。	夏季天热，易流汗。	可喷在头发上、头饰边、裙角等处。	建议使用青涩植物香和天然草木清香。
秋天	无。	气候干燥，秋风微凉，人的嗅觉迟钝。	直接喷在皮肤上。	建议使用香味浓烈的香水，比如带有辛辣味的植物香型或带甜味的果香、花香型。
冬天	不要直接喷在皮肤上。	穿戴衣物比较厚，直接喷在皮肤上，香味可能散发不出来。	可喷在围巾、帽子、手套等处。	建议使用香味更为浓烈的香水，比如香气浓郁一点的花香、辛辣味的浓香、动物香型的香水。